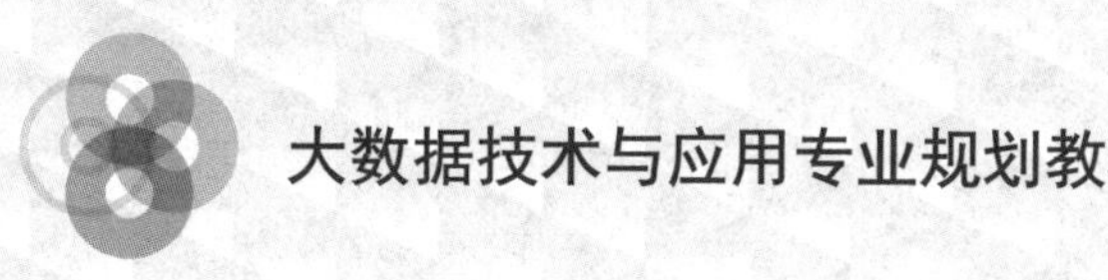

大数据技术与应用专业规划教材

机器学习基础

◎ 吕云翔 马连韬 刘卓然 张 凡 张程博 编著

清華大學出版社

北京

内 容 简 介

本书全面系统地介绍了机器学习的基本概念、预备知识、主要思想、研究进展、基础技术、应用技巧,并围绕当前机器学习领域的热点问题展开讨论。全书共11章,主要内容包括决策树、神经网络、支持向量机、遗传算法、回归、聚类分析等。

本书可作为高等院校计算机、软件工程、智能科学与技术等专业研究生和高年级本科生的教材,同时对于从事人工智能、数据挖掘、模式识别等相关技术人员也具有较高的参考价值。

图书在版编目(CIP)数据

机器学习基础/吕云翔等编著.—北京:清华大学出版社,2018(2023.1重印)
(大数据技术与应用专业规划教材)
ISBN 978-7-302-49659-5

Ⅰ.①机… Ⅱ.①吕… Ⅲ.①机器学习 Ⅳ.①TP181

中国版本图书馆CIP数据核字(2018)第033867号

责任编辑:魏江江 薛 阳
封面设计:刘 键
责任校对:时翠兰
责任印制:丛怀宇

出版发行:清华大学出版社
网 址:http://www.tup.com.cn,http://www.wqbook.com
地 址:北京清华大学学研大厦A座 **邮 编**:100084
社 总 机:010-83470000 **邮 购**:010-62786544
投稿与读者服务:010-62776969,c-service@tup.tsinghua.edu.cn
质量反馈:010-62772015,zhiliang@tup.tsinghua.edu.cn
课件下载:http://www.tup.com.cn,010-83470236
印 装 者:三河市君旺印务有限公司
经 销:全国新华书店
开 本:185mm×260mm **印 张**:10.75 **字 数**:226千字
版 次:2018年11月第1版 **印 次**:2023年1月第6次印刷
印 数:3501~4000
定 价:29.80元

产品编号:066058-01

前言

本书全面系统地介绍了机器学习的基本概念、预备知识、主要思想、研究进展、基础技术、应用技巧，并围绕当前机器学习领域的热点问题展开讨论。章节安排由浅入深，涵盖回归问题、分类问题、监督学习、无监督学习。具体内容包括决策树、神经网络、支持向量机、遗传算法、集成学习、聚类分析等。各章对原理的叙述力求概念清晰、表达准确，突出理论联系实际，富有启发性，易于理解。辅以代码实践指导，引领读者快速迈进机器学习领域，通过动手实践进一步加深对机器学习算法的理解。

本书注重对数学分析方法和理论的探讨，而且也非常关注神经网络在模式识别、信号处理以及控制系统等实际工程问题中的应用。它完美结合了基础理论与应用实践，可作为高等院校计算机、软件工程、智能科学与技术等专业研究生和高年级本科生的教材，同时对于从事人工智能、数据挖掘、模式识别的相关技术人员也具有较高参考价值。

大数据时代是机器学习最美好的时代。希望本书不仅可以帮助读者深入理解机器学习的概念，在理论分析与实际应用技术的结合中，掌握主流解决方案，更能以一种全新的视角理解在实际软件工程中机器学习的总体思想，在人工智能的大时代中夺得先机！

本书的作者为吕云翔、马连韬、刘卓然、张凡、张程博，另外，曾洪立、吕彼佳、姜彦华进行了素材整理及配套资源制作等。由于机器学习是一门新兴学科，机器学习的教学方法本身还在探索之中，加之作者的水平和能力有限，书中难免存在疏漏之处，恳请各位同仁和广大读者给予批评指正。也希望各位能将实践过程中的经验和心得与我们交流(yunxianglu@hotmail.com)。

作　者

2018年3月

于北京航空航天大学

目录

第 1 章　绪论 …… 1

1.1　从两个问题谈起 …… 1

1.2　模型评估与模型参数选择 …… 4

1.2.1　验证 …… 5

1.2.2　正则化 …… 5

1.3　机器学习算法分类 …… 5

1.3.1　监督学习 …… 6

1.3.2　非监督学习 …… 7

习题 …… 8

第 2 章　回归 …… 9

2.1　线性回归 …… 9

2.2　Logistic 回归 …… 12

习题 …… 13

第 3 章　LDA 主题模型 …… 14

3.1　LDA 简介 …… 14

3.2　数学基础 …… 15

3.2.1　多项分布 …… 15

3.2.2　Dirichlet 分布 …… 16

3.2.3　共轭先验分布 …… 17

3.3　LDA 主题模型 …… 18

3.3.1　基础模型 …… 18

3.3.2　PLSA 模型 …… 19

3.3.3　LDA 模型 …… 21

3.4　LDA 模型应用实例 …… 23

3.4.1　配置安装 …… 24

3.4.2　文本预处理 …… 25

3.4.3　使用 Gensim …… 28

习题 …… 32

第4章　决策树……33

4.1　决策树简介……33

4.1.1　一个小例子……33

4.1.2　几个重要的术语及决策树构造思路……34

4.2　离散型决策树的构造……36

4.3　连续性数值的处理……36

4.4　决策树剪枝……37

习题……38

第5章　支持向量机……39

5.1　分离超平面与最大间隔……39

5.2　线性支持向量机……40

5.2.1　硬间隔……40

5.2.2　软间隔……42

5.3　非线性支持向量机……43

5.3.1　核方法……44

5.3.2　常用的核函数……44

5.4　操作实例：应用MATLAB多分类SVM、二分类SVM、决策树算法进行分类……45

5.4.1　数据集选择……45

5.4.2　数据预处理……47

5.4.3　模型表现……48

5.4.4　经验总结……51

习题……56

第6章　提升方法……57

6.1　随机森林……57

6.1.1　随机森林介绍……57

6.1.2　Bootstrap Aggregation……57

6.1.3　随机森林训练过程……60

6.1.4　随机森林的优点与缺点……60

6.2　Adaboost……60

6.2.1　引入……60

6.2.2　Adaboost实现过程……61

6.2.3　Adaboost总结……62

6.3　随机森林算法应用举例……62

6.3.1　MATLAB 中随机森林算法 …… 63
6.3.2　操作实例 1：基于集成方法的 IRIS 数据集分类 …… 63
6.3.3　操作实例 2：基于 ensemble 方法的人脸识别 …… 69
习题 …… 72

第 7 章　神经网络基础 …… 74

7.1　基础概念 …… 74
7.2　感知机 …… 78
7.2.1　单层感知机 …… 78
7.2.2　多层感知机 …… 79
7.3　BP 神经网络 …… 79
7.3.1　梯度下降 …… 79
7.3.2　后向传播 …… 80
7.4　径向基函数网络 …… 81
7.4.1　精确插值与径向基函数 …… 81
7.4.2　径向基函数网络 …… 82
7.5　Hopfield 网络 …… 84
7.5.1　Hopfield 网络的结构 …… 84
7.5.2　Hopfield 网络的训练 …… 85
7.5.3　Hopfield 网络状态转移 …… 85
7.6　Boltzmann 机 …… 86
7.7　自组织映射网络 …… 87
7.7.1　网络结构 …… 87
7.7.2　训练算法 …… 89
7.8　实例：使用 MATLAB 进行 Batch Normalization …… 90
7.8.1　浅识 Batch Normalization …… 90
7.8.2　MATLAB nntool 使用简介 …… 92
习题 …… 100

第 8 章　深度神经网络 …… 102

8.1　什么是深度神经网络 …… 102
8.2　卷积神经网络 …… 103
8.2.1　卷积神经网络的基本思想 …… 103
8.2.2　卷积操作 …… 104
8.2.3　池化层 …… 106
8.2.4　卷积神经网络 …… 106
8.3　循环神经网络 …… 107

8.3.1 循环单元 …… 108
8.3.2 通过时间后向传播 …… 108
8.3.3 带有门限的循环单元 …… 109
8.4 MATLAB 深度学习工具箱简介 …… 110
8.5 利用 Theano 搭建和训练神经网络 …… 115
8.5.1 Theano 简介 …… 115
8.5.2 Theano 的基本使用 …… 115
8.5.3 搭建训练神经网络的项目 …… 116
习题 …… 126

第 9 章 聚类算法 …… 127

9.1 简介 …… 127
9.1.1 聚类任务 …… 127
9.1.2 基本表示 …… 128
9.2 K-Means 算法 …… 129
9.2.1 算法简介 …… 129
9.2.2 算法流程 …… 129
9.2.3 K-Means 的一些改进 …… 131
9.2.4 选择合适的 K …… 131
9.2.5 X-Means …… 133
9.3 层次聚类 …… 134
9.4 聚类算法拓展 …… 134
9.4.1 聚类在信号处理领域的应用 …… 134
9.4.2 以语义聚类的形式展示网络图像搜索结果 …… 135
习题 …… 136

第 10 章 寻优算法之遗传算法 …… 137

10.1 简介 …… 137
10.1.1 算法起源 …… 137
10.1.2 基本过程 …… 137
10.1.3 基本表示 …… 138
10.1.4 输入输出 …… 138
10.1.5 优缺点及应用 …… 139
10.2 算法原型 …… 139
10.2.1 初始化 …… 139
10.2.2 评估 …… 140
10.2.3 选择优秀个体 …… 141

10.2.4　交叉 …… 142
10.2.5　变异 …… 143
10.2.6　迭代 …… 143
10.3　算法拓展 …… 144
10.3.1　精英主义思想 …… 144
10.3.2　灾变 …… 144
习题 …… 145

第 11 章　项目实践：基于机器学习的监控视频行人检测与追踪系统 …… 146

11.1　引言 …… 146
11.2　相关算法与指标 …… 147
11.2.1　方向梯度直方图 …… 147
11.2.2　支持向量机 …… 147
11.2.3　结构相似性 …… 147
11.2.4　Haar-Like 特征 …… 148
11.2.5　级联分类器 …… 148
11.2.6　特征脸 …… 148
11.3　系统设计与实现 …… 148
11.3.1　视频处理模块 …… 149
11.3.2　图像识别模块 …… 151
11.3.3　目标追踪模块 …… 152
11.4　系统测试 …… 152
11.4.1　测试环境 …… 152
11.4.2　系统单元测试与集成测试 …… 153
11.4.3　性能测试 …… 153
11.4.4　系统识别准确率测试 …… 154
11.5　结语 …… 154

参考文献 …… 156

第1章

绪　论

1.1　从两个问题谈起

问题一：人工智能、知识工程、机器学习、神经网络、深度学习、数据挖掘，它们是什么关系？

人与动物根本的区别在于是否拥有智能。日常生活中，人们一直在本能地使用非常复杂而又高效的智能算法——识别出同学的长相、根据云的形状预测天气、把要传达的信息组织成一句话等。当我们希望机器也能聪明地完成类似的事情时，就需要利用**人工智能**（Artificial Intelligence，AI）。

人工智能中首先包括**知识工程**（Knowledge Engineering），即根据已有知识，利用规则去解决问题。例如，我们写一段程序规定，如果鼻子眼睛之间的距离超过一个值，那么就识别为某个人的脸。如果我们把世界上人类的知识都转化为规则，那是不是就诞生了全知全能的 AI？但显然我们无法穷举规则。

机器学习（Machine Learning）是人工智能的另一部分，也是核心技术。其利用经验，建立统计模型、概率模型，去解决问题。具体地讲，机器学习就是对某个实际问题建立**计算模型**（Computational Model），并利用已知的经验（Experience）来提升模型效果（Performance）的一类方法。我们经常听到的贝叶斯、神经网络、支持向量机都是机器学习的工具。当我们要处理、分析的数据中存在一定模式，我们想把其中的知识写成规则、形式化地确定下来，但又无法穷尽时，就可以尝试机器学习的方法。比如把医生多年学习、工作的经验知识，确定为一个模型，来进行疾病诊断。

机器学习方法在大型数据库中的应用称为**数据挖掘**（Data Mining）。在数据挖掘中，需要处理大量的数据以构建简单有效的模型，如具有高精度的预测模型。具体应用如：零售业中分析历史数据，来构建市场应用模型；制造业中的学习模型用于故障检测；物理学、天文学、生物学中的海量数据分析等。

机器学习中，受到人脑神经元认知原理的启发，人们设计了人工**神经网络**(Neural Network,NN)。利用数据不断训练得到一个模型，将输入映射为输出。研究者们从数学上证明，多层嵌套的神经网络配合非线性激活函数可以模拟任意连续函数。当神经网络最早提出时，人们非常兴奋，因为如此简单的模型却能干很复杂的事情。大家认为机器学习全新的时代来临了，真正的人工智能即将实现。但是随着研究进展，大家发现，由于计算资源和数据的限制，网络做不大，在人工给定特征时，性能上还是比不过传统机器学习模型。

在神经网络最早提出时，隐藏层的层数很少。随着研究进展，人们发现层数的增加对提升网络模型能力非常有帮助。这样的模型提供了一个层次建模的功能，可以对输入的数据逐层提取特征。同时，神经网络研究者们的思路发生了变化，他们指出现代人工智能的关键是表示学习，希望神经网络能实现从数据到表示，即深度学习(Deep Learning)。深度学习相对于传统神经网络，可以简单理解为多层网络的堆叠。

传统机器学习方法在做图像分类识别时，需要研究者提供人工指定的特征值。而对于深度学习方法，我们可以直接把原始的图像提供给网络。图像中包含分类所需要的全部原始信息，网络将自己在训练过程中调整权重，学习使用怎样的特征来描述原始输入，把经验固化在网络。21世纪大数据、云计算的背景让这个思路得以实现。

需要注意的是，截至目前，脑科学作为一个逐渐探索的领域，还没有人能完全回答人类神经元的工作机理，NN的模型也还十分简单，且AI的发展并不是主要由认知推动的，数学等相关技术才是AI真正有效的手段。AI的发展对认知也有一定的推动作用。虽然也许未来随着人们对脑科学的认识更加深入，AI的能力会得到提升，但现在作为机器学习的相关研究者，你并不需要非常了解人脑认知。

到目前为止，在有监督学习方面，深度学习几乎超越了任何其他传统方法。在数据量大的领域，特定场景、特定需求的弱人工智能将会很快成为主流。但是现在我们距离“终结者”那样的人工智能还非常遥远。

人工智能拓展故事：Google DeepMind AlphaGo

2016年，关于谷歌“阿尔法狗”的新闻曾经刷爆了大家的屏幕。

2014年4月到2015年9月，AlphaGo以英国棋友“DeepMind”的名义在弈城围棋网上对弈，水平维持在职业七段到八段之间。2015年9月16日首次上升到职业九段。2015年10月，分布式版AlphaGo以5∶0击败了欧洲围棋冠军、华裔法籍棋士樊麾。这是计算机围棋程序第一次在十九路棋盘且分先的情况下击败职业围棋棋手。2016年3月，AlphaGo挑战世界冠军、九段棋士李世乭，并以4∶1取得胜利。这次对战在网络上引发了人们对人工智能的广泛讨论。2016年7月，世界职业围棋排名网站GoRatings公布最新世界排名，AlphaGo以3612分，超越3608分的柯洁成为新的世界第一。2016 年 12 月到 2017 年 1 月，AlphaGo 以“Master”名义注册弈城围棋网和腾讯野狐围棋网，以 60 战全胜的战绩击败中、日、韩顶尖围棋高手。

AlphaGo 最初通过模仿人类玩家，尝试匹配职业棋手的过往棋局，其数据库中约含 3000 万步棋着。一旦它达到了一定的熟练程度，它就开始和自己对弈大量棋局，使用强化学习进一步改善自身。

一盘围棋平均约有 150 步，每一步平均约有 200 种可选的下法。围棋的分支因子大大多于国际象棋等其他游戏，计算机要在围棋中取胜比在其他游戏中取胜要困难得多。诸如暴力搜寻法、Alpha-Beta 剪枝、启发式搜索等传统人工智能方法在围棋中很难奏效。

AlphaGo 结合深度神经网络与蒙特卡洛树搜索算法，根据大量人类对弈棋局，模拟人类围棋下法，让人工智能算法学会如何评估棋局、选择落子。

当 AlphaGo 训练达到一定水平后，它将会进行大量自我对弈，利用增强学习进一步提升实力，超越人类已有围棋经验。这使得 AlphaGo 的棋着从“看起来像人类高手”提升至“人类无法完全理解”的境界。

问题二：为什么需要机器学习？

人类总是希望并善于借用外部的力量来替代自己。工业化时代的人类使用各种机械及电气装置将自己从重复的体力劳动中解放出来；到了 20 世纪，人类建造了可编程的电子计算机，并把各种计算、推理规则编码到计算机里，使得简单重复的脑力劳动可以被替代。

但是当人类试图让机器朝着更加自动化、智能化的方向发展时，却发现许多并非传统算法可以解决的问题：现实世界的运行方式并不总是可以总结、提炼成能编码到计算机里的规则的。这是因为一方面，某些时候这种规则是潜在的、难以使用严格的数学方法定义的，例如语音识别；另一方面，某些问题是人类自身也难以解决，而寄希望于机器强大的计算能力来解决的，例如医学诊断。

我们把实际问题抽象成其一般形式：给定问题的场景设定作为**输入**，馈送(Feed)到某个模型中，并随后从这个模型中得到反馈(Feedback)回来的解决方案作为**输出**。将输入记为 $\boldsymbol{x}=\{x_1,x_2,\cdots,x_n\}$，输出记为 $\boldsymbol{y}=\{y_1,y_2,\cdots,y_n\}$，则模型为一个从输入空间到输出空间的映射：

$$f(\boldsymbol{x})\rightarrow \boldsymbol{y}$$

所有需要求解的实际问题都可以归纳到以上形式。例如，在手写数字识别中，$\boldsymbol{x}$ 是手写数字的图片，$\boldsymbol{y}$ 是识别出来的数字；在统计机器翻译中，$\boldsymbol{x}$ 是源语言的一个句子，$\boldsymbol{y}$ 是目标语言句子的条件概率。而机器学习要做的事情，就是要利用已知的经验来优化模型 $f(\cdot)$的效果。这些经验以**观测样本点**(Observed Samples)集合的形式出现，观测样本点构成的集合称为**数据集**(Dataset)。

通常将优化一个模型的过程称为**训练**(Training)或者**学习**(Learning)；检验模型效果的过程称为**测试**(Testing)；若该模型为参数化的模型，则还需要通过对不同参数下的模型表现进行检验来选择模型参数，这个过程称为**开发**(Development)或者**验**

证(Validation)。我们通常把所得到的数据集划分为互不相交的几个集合：数据集中绝大多数样本点被用于训练，这些样本点的集合称为**训练集**；剩余的少量样本点用于测试，这些样本点的集合称为**测试集**；若需要选择模型参数，我们还需要与测试集的大小相仿的少量样本点的集合作为**开发集**。

在实际场景中应用机器学习方法时，首先需要回答以下两个问题。

(1) 选择何种模型？

(2) 如何最优化该模型？

本书致力于向读者介绍一些常见的机器学习模型以及它们的最优化算法，使得读者在了解这些机器学习算法的原理后，在实际应用场景中能够选择恰当的模型和算法来解决实际问题。

1.2 模型评估与模型参数选择

如何评估一些训练好的模型并从中选择最优的模型参数？若对于给定的输入 $\boldsymbol{x}$，某个模型的输出 $\hat{\boldsymbol{y}}=f(\boldsymbol{x})$ 偏离真实目标值 $\boldsymbol{y}$，那么就说明模型存在误差；$\hat{\boldsymbol{y}}$ 偏离 $\boldsymbol{y}$ 的程度可以用关于 $\hat{\boldsymbol{y}}$ 和 $\boldsymbol{y}$ 的某个函数 $L(\boldsymbol{y},\hat{\boldsymbol{y}})$ 来表示，作为误差的度量标准，这样的函数 $L(\boldsymbol{y},\hat{\boldsymbol{y}})$ 称为损失函数。

在某种损失函数度量下，训练集上的平均误差被称为训练误差，测试集上的误差称为**泛化误差**。由于我们训练得到一个模型的最终目的是为了在未知的数据上得到尽可能准确的结果，因此泛化误差是衡量一个模型泛化能力的重要标准。

之所以不能把训练误差作为模型参数选择的标准，是因为训练集可能存在以下问题：①训练集样本太少，缺乏代表性；②训练集中本身存在错误的样本，即**噪声**。如果片面地追求训练误差的最小化，就会导致模型参数复杂度增加，使得模型**过拟合**(Overfitting)，如图 1.1 所示。

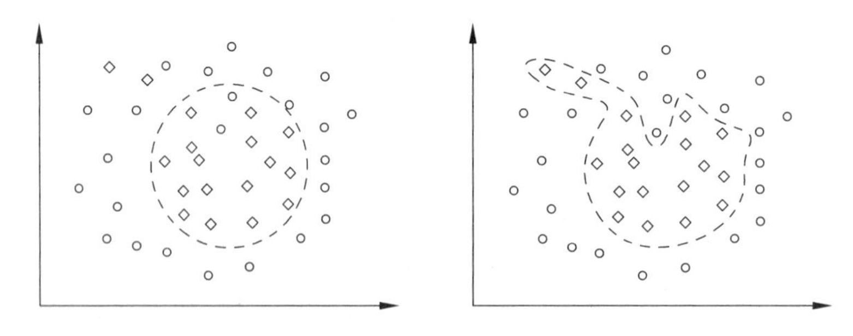

图 1.1 拟合与过拟合

为了选择效果最佳的模型，防止过拟合的问题，通常可以采取的方法如下：

(1) 使用验证集调参；

(2) 对损失函数进行正则化。

1.2.1 验证

模型不能过拟合于训练集，否则将不能在测试集上得到最优结果；但是否能直接以测试集上的表现来选择模型参数呢？答案是否定的。因为这样的模型参数将会是针对某个特定测试集的，那么得出来的评价标准将会失去其公平性，失去了与其他同类或不同类模型相比较的意义。

这就好比我们要证明某一位学生学习某门课程的能力比别人强（模型算法的有效性），那么就要让他和其他学生听一样的课、做一样的练习（相同的训练集），然后以这些学生没做过的题目来考他们（测试集与训练集不能交叉）；但是如果我们直接在测试集上调参，那就相当于让这个学生针对考试题目来复习，这样与其他学生的比较显然是不公平的。

因此参数的选择（即**调参**）必须在一个独立于训练集和测试集的数据集上进行，这样的用于模型调参的数据集被称为**开发集**或**验证集**。

然而很多时候我们能得到的数据量非常有限。这个时候可以不显式地使用验证集，而是重复使用训练集和测试集，这种方法称为**交叉验证**。常用的交叉验证方法如下。

(1) 简单交叉验证。在训练集上使用不同超参数训练，使用测试集选出最佳的一组超参数设置。

(2) K-重交叉验证（K-fold Cross Validation）。将数据集划分成 K 等份，每次使用其中一份作为测试集，剩余的为训练集；如此进行 K 次之后，选择最佳的模型。

1.2.2 正则化

为了避免过拟合，需要选择参数复杂度最小的模型。这是因为如果有两个效果相同的模型，而它们的参数复杂度不相同，那么冗余的复杂度一定是由于过拟合导致的。为了选择复杂度较小的模型，一种策略是在优化目标中加入**正则化项**，以惩罚冗余的复杂度：

$$\min_{\theta} L(\boldsymbol{y},\hat{\boldsymbol{y}};\boldsymbol{\theta})+\lambda \cdot J(\boldsymbol{\theta})$$

其中，$\boldsymbol{\theta}$ 为模型参数，$L(\boldsymbol{y},\hat{\boldsymbol{y}};\boldsymbol{\theta})$ 为原来的损失函数，$J(\boldsymbol{\theta})$ 是正则化项，λ 用于调整正则化项的权重。正则化项通常为$\boldsymbol{\theta}$ 的某阶向量范数。

1.3 机器学习算法分类

模型与最优化算法的选择，很大程度上取决于我们能得到什么样的数据。如果我们能得到的数据集中，样本点只包含模型的输入 $\boldsymbol{x}$，那么就需要采用非监督学习的算

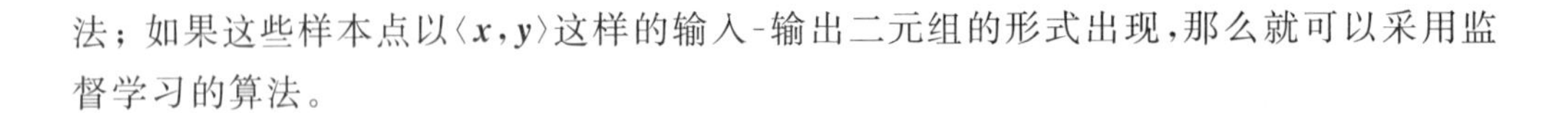

法；如果这些样本点以$\langle \boldsymbol{x},\boldsymbol{y}\rangle$这样的输入-输出二元组的形式出现，那么就可以采用监督学习的算法。

1.3.1 监督学习

在监督学习中，我们根据训练集$\{\langle \boldsymbol{x}^{(i)},\boldsymbol{y}^{(i)}\rangle\}_{i=1}^{N}$中的观测样本点来优化模型$f(\cdot)$，使得给定测试样例$\boldsymbol{x}'$作为模型输入，其输出$\hat{\boldsymbol{y}}$尽可能接近正确输出$\boldsymbol{y}'$。

监督学习算法主要适用于两大类问题：回归和分类。这两类问题的区别在于：回归问题的输出是连续值，而分类问题的输出是离散值。

1. 回归

回归问题在生活中非常常见，最简单的例如一个连续函数的拟合。

回归问题中通常使用均方损失函数来作为度量模型效果的指标，最简单的求解例子是最小二乘法。

第 2 章将介绍常见的几种回归模型。

2. 分类

分类问题也是生活中非常常见的一类问题，例如我们需要从金融市场的交易记录中分类出正常的交易记录以及潜在的恶意交易。

度量分类问题的指标通常为**准确率**(Accuracy)：对于测试集中D个样本，有k个被正确分类，$D-k$个被错误分类，则准确率为：

$$\text{Accuracy}=\frac{k}{D}$$

然而在一些特殊的分类问题中，属于各类样本的值并不是均一分布，甚至其出现概率相差很多个数量级，这种分类问题称为**不平衡类问题**。在不平衡类问题中，准确率并没有多大意义。例如，检测一批产品是否为次品时，若次品出现的频率为1%，那么即使某个模型完全不能识别次品，只要每次都“蒙”这件产品不是次品，仍然能够达到99%的准确率。显然我们需要一些别的指标。

通常在不平衡类问题中，我们使用***F*-度量**来作为评价模型的指标。以二元不平衡分类问题为例，这种分类问题往往是异常检测，模型的好坏往往取决于能否很好地检出异常，同时尽可能不误报异常。定义占样本少数的类为**正类**(Positive Class)，占样本多数的为**负类**(Negative Class)，那么预测只可能出现以下 4 种情况。

(1) 将正类样本预测为正类(True Positive, TP)；

(2) 将负类样本预测为正类(False Positive, FP)；

(3) 将正类样本预测为负类(False Negative, FN)；

(4) 将负类样本预测为负类(True Negative, TN)。

定义召回率(Recall)为：

$$R = \frac{|TP|}{|TP| + |FN|}$$

召回率度量了在所有的正类样本中模型正确检出的比率,因此也称为**查全率**。

定义**精确率**(Precision)为:

$$P = \frac{|TP|}{|TP| + |FP|}$$

精确率度量了在所有被模型预测为正类的样本中正确预测的比率,因此也称为**查准率**。

F-度量则是在召回率与精确率之间取调和平均数;有时候在实际问题上,若更加看重其中某一个度量,还可以给它加上一个权值 α,称为F_α-度量:

$$F_\alpha = \frac{(1+\alpha^2)RP}{R+\alpha^2 P}$$

特殊地,当 $\alpha=1$ 时,有:

$$F_1 = \frac{2RP}{R+P}$$

可以看到,如果模型"不够警觉",没检测出一些正类样本,那么召回率就会受损;而如果模型倾向于"滥杀无辜",那么精确率就会下降。因此较高的 F-度量意味着模型倾向于"不冤枉一个好人,也不放过一个坏人",是一个较为适合不平衡类问题的指标。

可用于分类问题的模型很多,例如 Logistic 回归分类器、决策树、支持向量机、感知机、神经网络等。本书将在第 2、4、5 章和第 7 章对以上算法进行介绍。

1.3.2　非监督学习

在非监督学习中,我们的数据集 $\{\boldsymbol{x}^{(i)}\}_{i=1}^N$ 中只有模型的输入,而并不提供正确的输出 $\boldsymbol{y}^{(i)}$ 作为监督信号。

非监督学习通常用于这样的分类问题:给定一些样本的特征值,而不给出它们正确的分类,也不给出所有可能的类别;而是通过学习确定这些样本可以分为哪些类别、它们各自都属于哪一类。这一类问题称为**聚类**,将在第 9 章中介绍。

非监督学习得到的模型的效果应该使用何种指标来衡量呢?由于通常没有正确地输出 $\boldsymbol{y}$,我们采取一些其他办法来度量其模型效果。

(1) 直观检测,这是一种非量化的方法。例如,对文本的主题进行聚类,可以在直观上判断属于同一个类的文本是否具有某个共同的主题,这样的分类是否有明显的语义上的共同点。由于这种评价非常主观,通常不采用。

(2) 基于任务的评价。如果聚类得到的模型被用于某个特定的任务,可以维持该任务中其他的设定不变,而使用不同的聚类模型,通过某种指标度量该任务的最终结果来间接判断聚类模型的优劣。

(3) 人工标注测试集。有时候采用非监督学习的原因是人工标注成本过高,导致

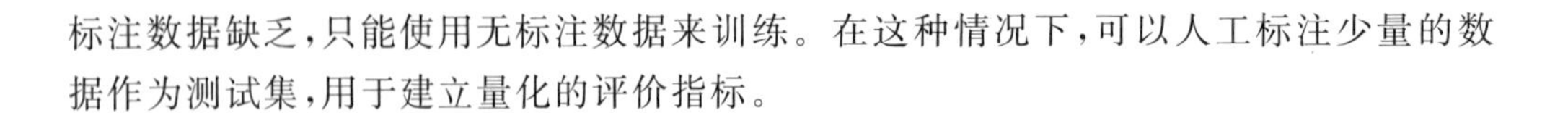

标注数据缺乏，只能使用无标注数据来训练。在这种情况下，可以人工标注少量的数据作为测试集，用于建立量化的评价指标。

习题

1. 除了本章中提到的方法，还有什么办法可以防止过拟合的发生？
2. 是否训练数据量越大，越能得到良好的模型？为什么？

第2章

回　　归

回归是指这样一类问题，通过统计分析一组随机变量 $x_1, x_2, \cdots, x_n$ 与另一组随机变量 $y_1, y_2, \cdots, y_n$ 之间的关系，得到一个可靠的模型，使得对于给定的 $\boldsymbol{x}=\{x_1, x_2, \cdots, x_n\}$，可以利用这个模型对 $\boldsymbol{y}=\{y_1, y_2, \cdots, y_n\}$进行预测。在这里，随机变量 $x_1, x_2, \cdots, x_n$ 称为自变量，随机变量 $y_1, y_2, \cdots, y_n$ 称为因变量。

不失一般性，我们在本章讨论回归问题的时候，总是假设因变量只有一个。这是因为我们假设各因变量之间是相互独立的，因而多个因变量的问题可以分解成多个回归问题加以解决。在实际求解中，只需要使用比本章推导公式中的参数张量更高一阶的参数张量即可以很容易推广到多因变量的情况。

形式化地，在回归中我们有一些数据样本 $\{\langle \boldsymbol{x}^{(n)}, y^{(n)} \rangle\}_{n=1}^{N}$，通过对这些样本进行统计分析，获得一个预测模型 $f(\cdot)$，使得对于测试数据 $\boldsymbol{x}=\{x_1, x_2, \cdots, x_n\}$，可以得到一个较好的预测值：

$$y = f(\boldsymbol{x})$$

回归问题在形式上与分类问题十分相似，但是在分类问题中预测值 y 是一个离散变量，它代表着通过特征 $\boldsymbol{x}$ 所预测出来的类别；而在回归问题中，y 是一个连续变量。

在本章中，先介绍线性回归模型，然后推广到广义的线性模型，并以 Logistic 回归为例分析广义线性回归模型。

2.1　线性回归

线性回归模型是指 $f(\cdot)$采用线性组合形式的回归模型。对于第 i 个因变量 x_i，乘以权重系数 w_i，取 y 为因变量的线性组合：

$$y = f(\boldsymbol{x}) = w_1 x_1 + w_2 x_2 + \cdots + w_n x_n + b$$

其中,b 为常数项。若令 $\boldsymbol{w}=(w_1, w_2, \cdots, w_n)$,则上式可以写成向量形式:

$$y = f(\boldsymbol{x}) = \boldsymbol{w}^{\mathrm{T}}\boldsymbol{x} + b$$

可以看到,$\boldsymbol{w}$ 和 b 决定了回归模型 $f(\cdot)$的行为。由数据样本得到 $\boldsymbol{w}$ 和 b 有许多方法,例如最小二乘法、梯度下降法。这里介绍最小二乘法求解线性回归中参数估计的问题。

直觉上,我们希望找到这样的 $\boldsymbol{w}$ 和 b,使得对于训练数据中每一个样本点〈$\boldsymbol{x}^{(n)}$, $y^{(n)}$〉,预测值 $f(\boldsymbol{x}^{(n)})$与真实值 $y^{(n)}$ 尽可能接近。于是需要定义一种"接近"程度的度量,即误差函数。这里采用平均平方误差(Mean Square Error)作为误差函数:

$$E = \sum_n \left[y^{(n)} - (\boldsymbol{w}^{\mathrm{T}}\boldsymbol{x}^{(n)} + b)\right]^2$$

为什么要选择这样一个误差函数呢?这是因为我们做了这样的假设:给定 $\boldsymbol{x}$,则 y 的分布服从如下高斯分布(如图 2.1 所示):

$$p(y \mid \boldsymbol{x}) \sim N(\boldsymbol{w}^{\mathrm{T}}\boldsymbol{x} + b, \sigma^2)$$

直观上,这意味着在自变量 $\boldsymbol{x}$ 取某个确定值的时候,我们的数据样本点以回归模型预测的因变量 y 为中心、以 σ^2 为方差呈高斯分布。

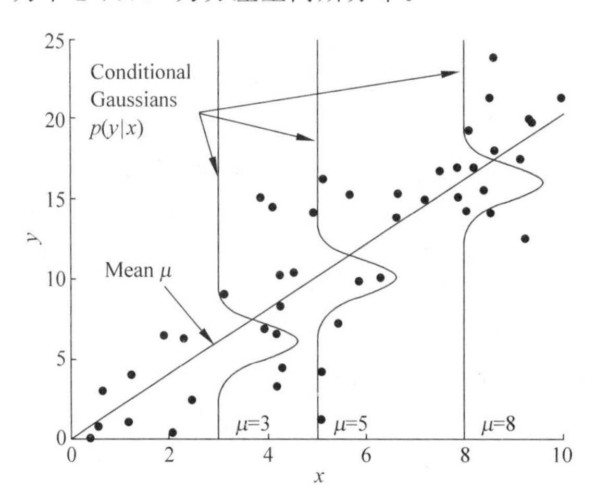

图 2.1　条件概率服从高斯分布

基于高斯分布的假设,我们得到条件概率 $p(y|\boldsymbol{x})$的对数似然函数:

$$\boldsymbol{L}(\boldsymbol{w}, b) = \log\left(\prod_n \exp\left(-\frac{1}{2\sigma^2}(y^{(n)} - \boldsymbol{w}^{\mathrm{T}}\boldsymbol{x}^{(n)} - b)^2\right)\right)$$

即:

$$\boldsymbol{L}(\boldsymbol{w}, b) = -\frac{1}{2\sigma^2}\sum_n (y^{(n)} - \boldsymbol{w}^{\mathrm{T}}\boldsymbol{x}^{(n)} - b)^2$$

做极大似然估计:

$$\boldsymbol{w}, b = \underset{\boldsymbol{w}, b}{\operatorname{argmax}} \boldsymbol{L}(\boldsymbol{w}, b)$$

由于对数似然函数中 σ 为常数,极大似然估计可以转化为:

$$\boldsymbol{w},b=\underset{\boldsymbol{w},b}{\operatorname{argmin}}\sum_{n}\left(y^{(n)}-\boldsymbol{w}^{\mathrm{T}}\boldsymbol{x}^{(n)}-b\right)^{2}$$

这就是我们选择平方平均误差函数作为我们的误差函数的概率解释。

我们的目标就是要最小化这样一个误差函数 E,具体做法可以令 E 对于参数 $\boldsymbol{w}$ 和 b 的偏导数为 0。由于我们的问题变成了最小化平均平方误差,因此习惯上这种通过解析方法直接求解参数的做法称为最小二乘法。

为了方便矩阵运算,我们将 E 表示成向量形式,令

$$\boldsymbol{Y}=\begin{bmatrix}y^{(1)}\\y^{(2)}\\\vdots\\y^{(n)}\end{bmatrix}$$

$$\boldsymbol{X}=\begin{bmatrix}\boldsymbol{x}^{(1)}\\\boldsymbol{x}^{(2)}\\\vdots\\\boldsymbol{x}^{(n)}\end{bmatrix}=\begin{bmatrix}x_1^{(1)}&\cdots&x_m^{(1)}\\x_1^{(2)}&\cdots&x_m^{(2)}\\&\vdots&\\x_1^{(n)}&\cdots&x_m^{(n)}\end{bmatrix}$$

$$\boldsymbol{b}=\begin{bmatrix}b_1\\b_2\\\vdots\\b_n\end{bmatrix},\quad b_1=b_2=\cdots=b_n$$

则 E 可表示为:

$$E=(\boldsymbol{Y}-\boldsymbol{X}\boldsymbol{w}^{\mathrm{T}}-\boldsymbol{b})^{\mathrm{T}}(\boldsymbol{Y}-\boldsymbol{X}\boldsymbol{w}^{\mathrm{T}}-\boldsymbol{b})$$

由于 $\boldsymbol{b}$ 的表示较为烦琐,不妨更改一下 $\boldsymbol{w}$ 的表示,将 b 视为常数 1 的权重,令:

$$\boldsymbol{w}=(w_1,\cdots,w_n,b)$$

相应地,对 $\boldsymbol{X}$ 做如下更改:

$$\boldsymbol{X}=\begin{bmatrix}\boldsymbol{x}^{(1)};1\\\boldsymbol{x}^{(2)};1\\\vdots\\\boldsymbol{x}^{(n)};1\end{bmatrix}=\begin{bmatrix}x_1^{(1)}&\cdots&x_m^{(1)}&1\\x_1^{(2)}&\cdots&x_m^{(2)}&1\\&\vdots&&\\x_1^{(n)}&\cdots&x_m^{(n)}&1\end{bmatrix}$$

则 E 可表示为:

$$E=(\boldsymbol{Y}-\boldsymbol{X}\boldsymbol{w}^{\mathrm{T}})^{\mathrm{T}}(\boldsymbol{Y}-\boldsymbol{X}\boldsymbol{w}^{\mathrm{T}})$$

对误差函数 E 求参数 $\boldsymbol{w}$ 的偏导数,得到:

$$\frac{\partial E}{\partial \boldsymbol{w}}=2\,\boldsymbol{X}^{\mathrm{T}}(\boldsymbol{X}\boldsymbol{w}^{\mathrm{T}}-\boldsymbol{Y})$$

令偏导为 0,得到

$$\boldsymbol{w}=(\boldsymbol{X}^{\mathrm{T}}\boldsymbol{X})^{-1}\,\boldsymbol{X}^{\mathrm{T}}\boldsymbol{Y}$$

因此对于测试向量 $\boldsymbol{x}$,根据线性回归模型预测的结果为

$$y=\boldsymbol{x}\left((\boldsymbol{X}^{\mathrm{T}}\boldsymbol{X})^{-1}\,\boldsymbol{X}^{\mathrm{T}}\boldsymbol{Y}\right)^{\mathrm{T}}$$

2.2 Logistic 回归

在 2.1 节中,我们假设随机变量 $x_1,\cdots,x_n$ 与 y 之间的关系是线性的。但在实际中,通常会遇到非线性关系。这个时候,可以使用一个非线性变换 $g(\cdot)$,使得线性回归模型 $f(\cdot)$实际上对 $g(y)$而非 y 进行拟合,即:

$$y = g^{-1}(f(\boldsymbol{x}))$$

其中,$f(\cdot)$仍为:

$$f(\boldsymbol{x}) = \boldsymbol{w}^{\mathrm{T}}\boldsymbol{x} + b$$

因此这样的回归模型称为广义线性回归模型。

广义线性回归模型使用非常广泛。例如在二元分类任务中,我们的目标是拟合这样一个分离超平面 $f(\boldsymbol{x})=\boldsymbol{w}^{\mathrm{T}}\boldsymbol{x}+b$,使得目标分类 y 可表示为以下阶跃函数:

$$y = \begin{cases} 0, & f(x) < 0 \\ 1, & f(x) > 0 \end{cases}$$

但是在分类问题中,由于 y 取离散值,这个阶跃判别函数是不可导的。不可导的性质使得许多数学方法不能使用。我们考虑使用一个函数 $\sigma(\cdot)$来近似这个离散的阶跃函数,通常可以使用 Logistic 函数或 tanh 函数。

这里就 Logistic 函数(如图 2.2 所示)的情况进行讨论。令

$$\sigma(x) = \frac{1}{1 + \exp(-x)}$$

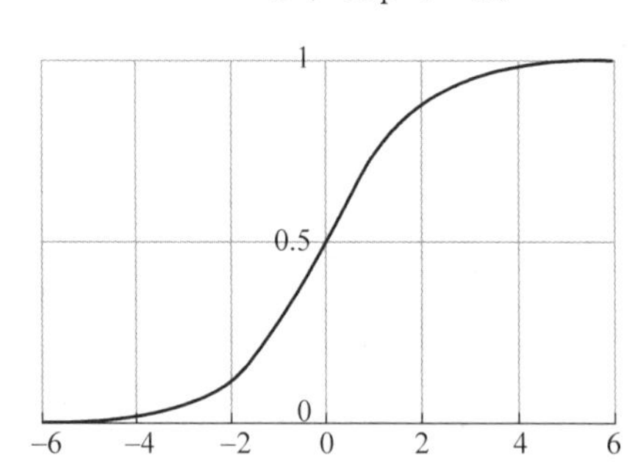

图 2.2 Logistic 函数

使用 Logistic 函数替代阶跃函数:

$$\sigma(f(\boldsymbol{x})) = \frac{1}{1 + \exp(-\boldsymbol{w}^{\mathrm{T}}\boldsymbol{x} - b)}$$

并定义条件概率:

$$p(y = 1 \mid \boldsymbol{x}) = \sigma(f(\boldsymbol{x}))$$
$$p(y = 0 \mid \boldsymbol{x}) = 1 - \sigma(f(\boldsymbol{x}))$$

这样就可以把离散取值的分类问题近似地表示为连续取值的回归问题;这样的

回归模型称为 Logistic 回归模型。

在 Logistic 函数中 $g^{-1}(x)=\sigma(x)$,若将 $g(\cdot)$还原为 $g(y)=\log\frac{y}{1-y}$的形式并移到等式一侧,得到:

$$\log\frac{p(y=1\mid \boldsymbol{x})}{p(y=0\mid \boldsymbol{x})}=\boldsymbol{w}^{\mathrm{T}}\boldsymbol{x}+b$$

为了求得 Logistic 回归模型中的参数 $\boldsymbol{w}$ 和 b,下面对条件概率 $p(y|\boldsymbol{x};\boldsymbol{w},b)$做极大似然估计。

$p(y|\boldsymbol{x};\boldsymbol{w},b)$的对数似然函数为:

$$\boldsymbol{L}(\boldsymbol{w},b)=\log\Big(\prod_{n}[\sigma(f(\boldsymbol{x}^{(n)}))]^{y^{(n)}}\ [1-\sigma(f(\boldsymbol{x}^{(n)}))]^{1-y^{(n)}}\Big)$$

即:

$$\boldsymbol{L}(\boldsymbol{w},b)=\sum_{n}[y^{(n)}\log(\sigma(f(\boldsymbol{x}^{(n)})))+(1-y^{(n)})\log(1-\sigma(f(\boldsymbol{x}^{(n)})))]$$

这就是常用的交叉熵误差函数的二元形式。

似然函数 $\boldsymbol{L}(\boldsymbol{w},b)$的最大化问题直接求解比较困难,我们可以采用数值方法。常用的方法有牛顿迭代法、梯度下降法等。

习题

1. 推导 Logistic 回归的损失函数。
2. 试将二元分类的 Logistic 函数推广到多元分类问题。
3. Logistic 回归的权重 w 会无限上升吗?如果会,应当如何解决?如果不会,为什么?

第3章

LDA主题模型

3.1 LDA 简介

LDA(Latent Dirichlet Allocation)是一种文档主题生成模型,也称为一个三层贝叶斯概率模型,包含词、主题和文档三层结构,由 Blei,David M. Ng,Andrew Y. Jordan 在 2003 年提出。该模型可以将文档集中每篇文档的主题以概率分布的形式给出,从而通过分析一些文档抽取出它们的主题分布出来后,便可以根据主题分布进行主题聚类或文本分类。同时,它采用词袋的方法,这种方法将每一篇文档视为一个词频向量,从而将文本信息转化为易于建模的数字信息。但是词袋方法没有考虑词与词之间的顺序,这简化了问题的复杂性,同时也为模型的改进提供了契机。

在 LDA 主题模型中,一篇文档包含多个主题,而文档中的每一个词都由其中的一个主题生成,而人类生成文档的过程则是:文档中的每个词都是通过“以一定概率选择了某个主题,并从这个主题中以一定概率选择了某个词语”。

LDA 主题模型的三位作者在原始论文中给了一个简单的例子。首先给定了 4 个主题:Arts、Budgets、Children 和 Education,然后通过学习训练,获取每个主题对应的词语,如图 3.1 所示。

然后以一定概率选取上述 4 个主题中的某个主题,再以一定概率选取那个主题下的某个单词,不断地重复这两步,最终生成如图 3.2 所示的一篇文章。

当我们看到一篇文档后,往往会推测这篇文档想要表达的是什么主题,而且我们可能也会认为作者是先确定这篇文章的几个主题,然后围绕这几个主题进行遣词造句,表达成文的。而 LDA 的任务就是:根据给定的一篇文档,推测其主题分布。一般来说,假定认为人们都是根据上述文档生成过程写成了各种各样的文章,现在某一部

"Arts"	"Budgets"	"Children"	"Education"
NEW	MILLION	CHILDREN	SCHOOL
FILM	TAX	WOMEN	STUDENTS
SHOW	PROGRAM	PEOPLE	SCHOOLS
MUSIC	BUDGET	CHILD	EDUCATION
MOVIE	BILLION	YEARS	TEACHERS
PLAY	FEDERAL	FAMILIES	HIGH
MUSICAL	YEAR	WORK	PUBLIC
BEST	SPENDING	PARENTS	TEACHER
ACTOR	NEW	SAYS	BENNETT
FIRST	STATE	FAMILY	MANIGAT
YORK	PLAN	WELFARE	NAMPHY
OPERA	MONEY	MEN	STATE
THEATER	PROGRAMS	PERCENT	PRESIDENT
ACTRESS	GOVERNMENT	CARE	ELEMENTARY
LOVE	CONGRESS	LIFE	HAITI

图 3.1 主题及其对应词语

分人想让计算机用 LDA 干一件事：计算机推测分析网络上的各篇文章都写了哪些主题，且计算各篇文章中各个主题出现的概率大小(即主题分布)。

The William Randolph Hearst Foundation will give $1.25 million to Lincoln Center, Metropolitan Opera Co., New York Philharmonic and Juilliard School. "Our board felt that we had a real opportunity to make a mark on the future of the performing arts with these grants an act every bit as important as our traditional areas of support in health, medical research, education and the social services," Hearst Foundation President Randolph A. Hearst said Monday in announcing the grants. Lincoln Center's share will be $200,000 for its new building, which will house young artists and provide new public facilities. The Metropolitan Opera Co. and New York Philharmonic will receive $400,000 each. The Juilliard School, where music and the performing arts are taught, will get $250,000. The Hearst Foundation, a leading supporter of the Lincoln Center Consolidated Corporate Fund, will make its usual annual $100,000 donation, too.

图 3.2 生成的文档

3.2 数学基础

3.2.1 多项分布

我们很熟悉的二项分布，即 n 重伯努利实验，记为

$$X \sim b(n,p) \tag{3.1}$$

二项分布的概率密度函数为：

$$P(X=k)=\binom{n}{k}p^k(1-p)^{n-k}=b(k;n,p) \tag{3.2}$$

其中，$k=0,1,2,\cdots,n$。

而多项分布是二项分布扩展到多维的情况，即指单次实验中的随机变量的取值不再是 0～1，而是有多种离散值($1,2,3,\cdots,k$)。多项式的概率密度函数为：

$$P(x_1,x_2,\cdots,x_k;n,p_1,p_2,\cdots,p_k)=\frac{n!}{x_1!\cdots x_k!}p_1^{x_1}\cdots p_k^{x_k} \tag{3.3}$$

其中，

$$\sum_{i=1}^{k}p_i=1,\quad p_i>0$$

$$\sum_{i=1}^{k}x_i=n,\quad x_i\geqslant 0$$

该公式表示，单次实验可能会出现$A_1,A_2,\cdots,A_k$一共k种结果，k种结果的概率分布分别是$p_1,p_2,\cdots,p_k$，而进行n次实验后，A_1出现x_1次，A_2出现x_2次，…，A_k出现x_k次这种情况的概率。

3.2.2 Dirichlet 分布

在了解 Dirichlet 分布之前，先简单复习一下相对熟悉的 Beta 分布。

Beta 是指一组定义在区间[0,1]的连续概率分布，有两个参数α和β，且$\alpha,\beta>0$，Beta 分布可以看作一个概率的概率分布，当一个东西的具体概率未知时，它可以描述其所有概率出现的可能性大小。

Beta 分布的概率密度函数是：

$$\begin{aligned}f(x;\alpha,\beta)&=\frac{x^{\alpha-1}(1-x)^{\beta-1}}{\int_0^1 u^{\alpha-1}(1-u)^{\beta-1}\mathrm{d}u}\\&=\frac{\Gamma(\alpha+\beta)}{\Gamma(\alpha)\Gamma(\beta)}x^{\alpha-1}(1-x)^{\beta-1}\\&=\frac{1}{B(\alpha,\beta)}x^{\alpha-1}(1-x)^{\beta-1}\end{aligned} \tag{3.4}$$

其中的Γ便是$\Gamma(x)$函数：

$$\Gamma(x)=\int_0^{\infty}t^{x-1}\mathrm{e}^{-t}\mathrm{d}t \tag{3.5}$$

随机变量X服从参数为α,β的 Beta 分布通常写作：

$$X\sim \mathrm{Be}(\alpha,\beta) \tag{3.6}$$

其数学期望$E(X)=\frac{\alpha}{\alpha+\beta}$。

而 Dirichlet 分布是 Beta 分布在高纬度上的推广，是一组连续多变量概率分布，是多变量普遍化的 Beta 分布，为了纪念德国数学家约翰・彼得・古斯塔夫・勒热纳・狄利克雷(Johann Peter Gustav Lejeune Dirichlet)而命名。其密度函数同 Beta 分布的密度函数形式相似，所以 Dirichlet 分布的概率密度函数为：

$$f(x_1,x_2,\cdots,x_k;\alpha_1,\alpha_2,\cdots,\alpha_k)=\frac{1}{B(\alpha)}\prod_{i=1}^{k}x_i^{\alpha_i-1} \tag{3.7}$$

其中，

$$B(\alpha)=\frac{\prod_{i=1}^{k}\Gamma(\alpha_i)}{\Gamma\left(\sum_{i=1}^{k}\alpha_i\right)},\quad \sum_{i=1}^{k}x_i=1,\quad x_i>0 \tag{3.8}$$

其数学期望

$$E(\vec{X})=\left(\frac{\alpha_1}{\sum_{i=1}^{k}\alpha_i},\frac{\alpha_2}{\sum_{i=1}^{k}\alpha_i},\cdots,\frac{\alpha_k}{\sum_{i=1}^{k}\alpha_i}\right)$$

3.2.3 共轭先验分布

概念：在贝叶斯概率理论中，设 θ 是总体分布中的参数或者参数向量，$p(\theta)$ 是 θ 的先验密度函数，假如由抽样信息算得后验密度函数 $p(\theta|x)$ 与 $p(\theta)$ 具有相同的函数形式，则称 $p(\theta)$ 是 θ 的共轭先验分布。

举例来说：设一事件 A 的概率 $p(A)=\theta$。Θ 是未知量，需要先确定先验概率 $p(\theta)$。在没有其他信息前，一种不失偏颇的先验估计是，认为 θ 在(0,1)上均匀分布。

为了估计 θ 的值，做 n 次抽样，其中，事件 A 发生的次数为 X，显然 X 服从二项分布 $X\sim b(n,\theta)$，故，

$$p(x\mid\theta)=\binom{n}{x}\theta^{x}(1-\theta)^{n-x} \tag{3.9}$$

由此，可以计算得到联合概率分布 $p(x,\theta)$：

$$p(x,\theta)=p(x\mid\theta)p(\theta) \tag{3.10}$$

通过联合概率分布积分求得边缘分布 $p(x)$：

$$\begin{aligned}p(x)&=\int_0^1 p(x,\theta)\mathrm{d}\theta\\&=\int_0^1\binom{n}{x}\theta^{x}(1-\theta)^{n-x}\mathrm{d}\theta\\&=\frac{\Gamma(x+1)\Gamma(n-x+1)}{\Gamma(n+2)}\end{aligned} \tag{3.11}$$

综上所述，利用贝叶斯公式可得 θ 的后验分布 $p(\theta|x)$：

$$\begin{aligned}p(\theta\mid x)&=\frac{p(x,\theta)}{p(x)}\\&=\frac{\Gamma(n+2)}{\Gamma(x+1)\Gamma(n-x+1)}\theta^{(x+1)-1}(1-\theta)^{(n-x+1)-1}\end{aligned} \tag{3.12}$$

恰巧是参数为$(x+1)$和$(n-x+1)$的 Beta 分布，即 $p(\theta|x)\sim\mathrm{Be}(x+1,n-x+1)$。同时，区间(0,1)上的均匀分布也是一种特殊的 Beta 分布 Be(1,1)。先验分布同后验分布属于一个分布族，故称该分布族是 θ 的共轭先验分布(族)。

通过上述例子，体现出了 Beta 分布的另一个性质，即：Beta 分布是二项式分布的

共轭先验概率。这意味着，如果我们为二项分布的参数 θ 选取的先验分布是 Beta 分布，那么以 θ 为参数的二项分布用贝叶斯估计得到的后验分布依然服从 Beta 分布。

按照贝叶斯派思考问题的模式：

$$\text{先验分布 } \pi(\theta) + \text{样本信息 } X \Rightarrow \text{后验分布 } \pi(\theta \mid x)$$

这一性质可表示成：

$$\text{Beta}(\theta \mid \alpha,\beta) + \text{Count}(n_1,n_2) = \text{Beta}(\theta \mid \alpha+n_1,\beta+n_2) \tag{3.13}$$

其中，n_1 表示二项分布中成功的次数，n_2 表示失败的次数。

而 Dirichlet 分布也有类似的性质，即 Dirichlet 分布是多项式分布的共轭先验概率。按照贝叶斯推理逻辑，这一性质可表达成：

$$\text{Dir}(\vec{\theta} \mid \vec{\alpha}) + \text{MultCount}(\vec{n}) = \text{Dir}(\vec{\theta} \mid \vec{\alpha}+\vec{n}) \tag{3.14}$$

在理解了共轭先验之后，便能理解前面所说的“Beta 分布可以看作一个概率的概率分布”，同样 Dirichlet 分布可以看作多项分布的分布，所以 Dirichlet 分布出现的场景，多用于生成多项分布，因为 Dirichlet 分布得到的向量各个分量的和是 1，这个向量可以作为多项分布的参数。

而先验概率取为共轭先验的好处在于：每当有新的观测数据时，就把上次的后验概率作为先验概率，乘以新数据的概率值，然后就得到新的后验概率，而不必用先验概率乘以所有数据的概率值得到后验概率。

3.3 LDA 主题模型

定义：ω 表示词，V 表示所有单词的个数；z 表示主题，k 是主题的个数，k 通过事先给定；$w=(\omega_1,\omega_2,\cdots,\omega_N)$ 表示文档，其中，N 表示文档中的词数，N 是一随机变量；$D=(w_1,w_2,\cdots,w_M)$ 表示语料库或者文档集，其中，M 表示语料库中的文档数。

3.3.1 基础模型

1. Unigram Model

该模型使用如下方法生成一个文档 w：

```
for each of the N words ωn :
    choose a word ωn ~ p(ω)
```

对于文档 $w=(\omega_1,\omega_2,\cdots,\omega_N)$，用 $p(\omega)$ 表示单词 ω 的分布，一般可通过语料进行统计学习得到，生成文档 w 的概率为：

$$p(w) = \prod_{n=1}^{N} p(\omega_n) \tag{3.15}$$

该模型通过语料获得一个单词的概率分布函数，然后根据这个概率分布函数每次生成一个单词，使用这个方法 M 次，即可生成 M 个文档。其图模型如图 3.3 所示。

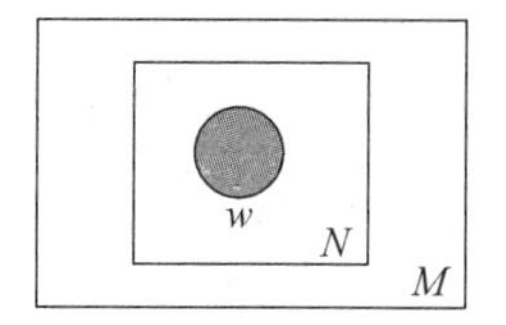

图 3.3 Unigram Model

2. Mixture of Unigram

Unigram 模型的缺点就是生成的文本没有主题，过于简单，Mixture of Unigram 模型进行了改进，该模型使用下面的方法生成文档 w：

```
Choose a topic z～p(z);
For each of the N words ωn:
    Choose a word ωn～p(ω|z);
```

其中，z 表示一个主题，$p(z)$表示主题的概率分布，z 通过 $p(z)$按概率产生；$p(\omega|z)$表示给定 z 时 ω 的分布，可以看成一个 $k\times V$ 的矩阵，k 为主题的个数，V 为单词的个数，每行表示这个主题对应的单词的概率分布，即主题 z 所包含的各个单词的概率，通过这个概率分布按一定概率生成每个单词。

假设有主题 $z_1,z_2,\cdots,z_k$，生成文档 w 的概率为：

$$\begin{aligned} p(w) &= p(z_1)\prod_{n=1}^{N}p(\omega_n \mid z_1)+\cdots+p(z_k)\prod_{n=1}^{N}p(\omega_n \mid z_k) \\ &= \sum_{z}p(z)\prod_{n=1}^{N}p(\omega_n \mid z) \end{aligned} \tag{3.16}$$

图模型见图 3.4，从图中可以看出，z 在 ω 所在长方形的外面，表示 z 生成一份 N 个单词的文档时主题 z 只生成一次，即只允许一个文档只有一个主题，这不符合常规情况，通常一个文档可能包含多个主题。

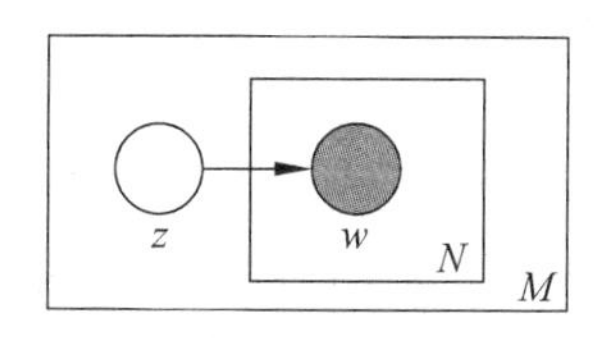

图 3.4 Mixture of Unigram

3.3.2 PLSA 模型

作为和 LDA 模型最接近的 PLSA 模型，理解 PLSA 模型后，理解 LDA 模型就相当容易了——给 PLSA 加上贝叶斯框架，便是 LDA。

1. PLSA 模型生成文档过程

定义：$p(d_i)$表示文档集或语料库中某篇文档被选中的概率；$p(\omega_j|d_i)$表示词ω_j在给定文档d_i中出现的概率；$p(z_k|d_i)$表示具体某个主题z_k在给定文档d_i下出现的概率；$p(\omega_j|z_k)$表示某个词ω_j在给定主题z_k下出现的概率，与主题关系越密切的词，其条件概率$p(\omega_j|z_k)$越大。

其中，$p(\omega_j|d_i)$可用词语ω_j在文档d_i中出现的次数除以文档中单词的总数目计算得到。

于是，PLSA 模型生成文档的步骤如下。

(1) 按照概率$p(d_i)$选择一篇文档d_i；

(2) 选定文档d_i后，从主题分布中按照概率$p(z_k|d_i)$选择一个隐含的主题类别z_k；

(3) 选定z_k后，从词分布中按照概率$p(\omega_j|z_k)$选择一个词ω_j；

(4) 重复(2)和(3)两个步骤，重复N次(产生N个词)，完成一篇文档；

(5) 重复以上步骤M次，完成M篇文档。

下面举个例子来详细说明一下这个过程。

第一步，首先要确定写一篇文档，假定这个文档探讨的是有关社会问题，而探讨社会问题时，往往会从“经济，文化，人口”三方面入手；而“经济”相关的词假定是“市场，企业，货币”，“文化”相关的词假定是“教育，书籍，电影”，“人口”相关的词假定是“男女比例，人口增长，地区分布”。

第二步，每写一个词，先从三个主题中选择一个，再从选定的主题对应的词语中选择要写的词。

具体来说，首先假设以一定的概率选择的主题是“经济”，然后以一定概率选择了主题“经济”相关的三个词语之一，假设为“市场”。

那么是如何选择的呢？其实是随机选取的，只是这个随机遵循一定的概率分布。比如在这篇文档中，三个主题的概率分布就是{经济：0.5，文化：0.3，人口：0.2}，这种每个主题z在文档d中出现的概率分布，被定义为主题分布，且是一个多项分布。

同理，每个主题下的词语也有一定的概率分布，例如“经济”下的三个词的概率分布{市场：0.4，企业：0.3，货币：0.3}，这种每个词语ω在主题z下出现的概率分布，被定义为词分布，且同样是一个多项分布。

所以，选主题和选词都是随机的两个过程。先从主题分布中抽取主题：经济，然后从该主题对应的词分布中抽取词：市场。

第三步，不停地重复第二步，重复N次，完成一篇文档。

2. 根据已有文档推测主题分布

主题建模的目的是，通过已有的文档推断其隐藏的主题分布的过程，自动地发现文档集中的主题分布。即文档 d 和单词 ω 是可被观察到的，而主题 z 是隐藏的。

如图 3.5 所示(图中被涂色的 d、ω 表示可观测变量，未被涂色的 z 表示未知的隐变量，N 表示一篇文档中总共有 N 个单词，M 表示 M 篇文档)。

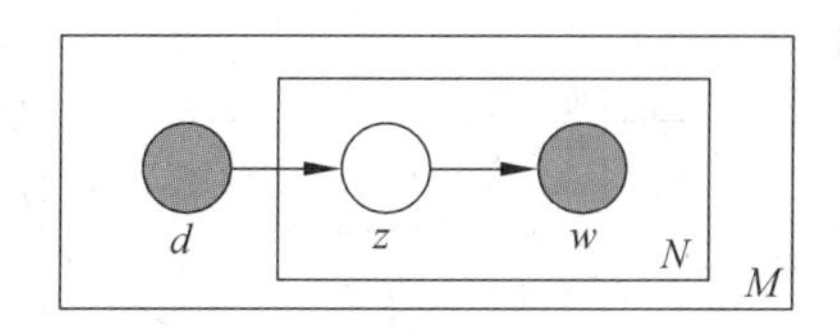

图 3.5　PLSA/aspect model

由于文档 d 和单词 ω 是我们得到的样本，所以对任何一篇文档，其 $p(\omega_j|d_i)$ 是已知的，从而根据大量已知的文档-词项信息 $p(\omega_j|d_i)$，训练出文档-主题 $p(z_k|d_i)$，以及主题-词项 $p(\omega_j|z_k)$，如以下公式所示：

$$p(\omega_j \mid d_i)=\sum_{k=1}^{K}p(\omega_j \mid z_k)p(z_k \mid d_i) \tag{3.17}$$

故得到文档中每个词的生成概率为：

$$\begin{aligned}p(d_i,\omega_j)&=p(d_i)p(\omega_j \mid d_i)\\&=p(d_i)\sum_{k=1}^{K}p(\omega_j \mid z_k)p(z_k \mid d_i)\end{aligned} \tag{3.18}$$

由于 $p(d_i)$ 可事先计算得出，而 $p(\omega_j|z_k)$ 和 $p(z_k|d_i)$ 未知，所以 $\theta=(p(\omega_j|z_k),p(z_k|d_i))$ 就是需要估计的参数值，常用的估计方法有极大似然估计(MLE)、最大后验估计(MAP)、贝叶斯估计等，在这里考虑用 EM 算法。

3.3.3 LDA 模型

1. LDA 模型生成文档过程

LDA 模型就是在 PLSA 模型的基础上加上了贝叶斯框架。

首先考虑 LDA 模型和 PLSA 模型在生成文档过程中的一个重要不同：在 PLSA 模型中，主题分布和词分布是唯一确定的，都是固定值，如图 3.6 所示。

在 LDA 模型中，在贝叶斯框架下，不再认为主题分布和词分布不是唯一确定的了，而是看成随机变量，有多种可能，但一篇文章总是需要对应一个主题分布及词分布的，于是，通过给 Dirichlet 先验两个先验参数，为某一篇文档抽取出某个主题分布和词分布，如图 3.7 所示。

LDA 在 PLSA 的基础上给($p(\omega_j|z_k)$、$p(z_k|d_i)$)这两个参数进行了贝叶斯化，加了两个先验分布的参数：一个是主题分布的先验分布 Dirichlet 分布 α，一个是词分布的先验分布 Dirichlet 分布 β。所以，LDA 的概率模型图模型如图 3.8 所示。

其中，阴影圆圈表示可观测的变量，非阴影圆圈表示隐变量。

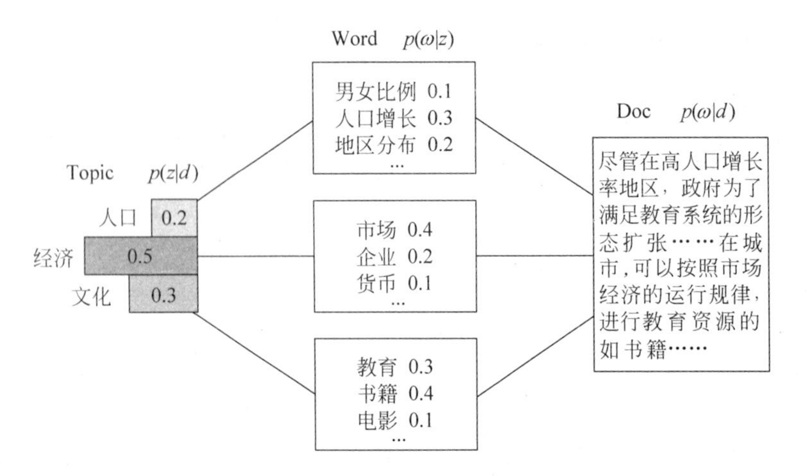

图 3.6 PLSA 生成模型

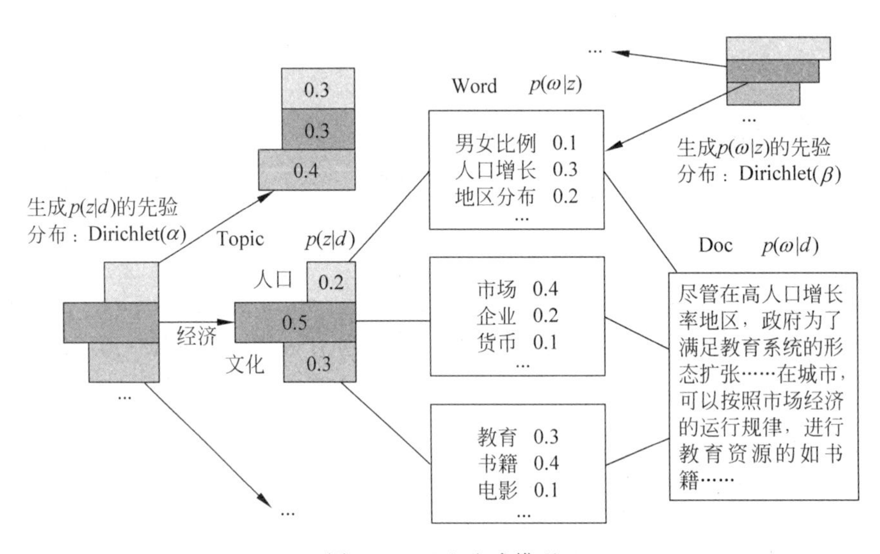

图 3.7 LDA 生成模型

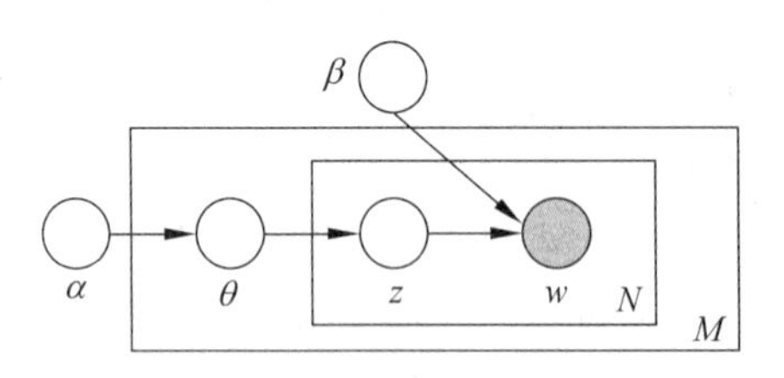

图 3.8 LDA 模型图模型

综上所述，LDA 只是 PLSA 的贝叶斯版本，文档生成后，两者都要根据文档去推断其主题分布和词分布，只是，在 PLSA 中，参数 $\theta=(p(\omega_j|z_k),p(z_k|d_i))$ 未知但固定，在 LDA 中参数未知且不固定，是个随机变量，服从一定的分布，于是用的参数估计方法也不同。

在这里先考虑一下 Dirichlet 分布如何选取主题分布和词分布，在之前提过 Dirichlet 分布是分布的分布，所以在这里 Dirichlet 分布就是主题分布的分布和词分布的分布，于是先验分布参数的不同，将导致某些主题分布/词分布被选取的概率大于其他分布。

所以，LDA 模型生成文档 d_i 的步骤如下。

(1) 从狄利克雷分布 α 中取样生成文档的主题分布 θ_i；

(2) 从主题的多项式分布 θ_i 中取样生成文档第 j 个词的主题 $z_{i,j}$；

(3) 从狄利克雷分布 β 中取样生成主题 $z_{i,j}$ 对应的词语分布 $\varphi_{z_{i,j}}$；

(4) 从词语的多项式分布 $\varphi_{z_{i,j}}$ 中采样最终生成词语 $\omega_{i,j}$；

(5) 重复上述步骤，重复 N 次，就产生了文档 d_i。

换言之：

(1) 假定语料库中共有 M 篇文章，每篇文章下主题的主题分布是一个从参数为 α 的 Dirichlet 先验分布中采样得到的 Multinomial 分布，每个主题下的词分布是一个从参数为 β 的 Dirichlet 先验分布中采样得到的 Multinomial 分布。

(2) 对于某篇文章中的第 n 个词，首先从该文章中出现的主题的 Multinomial 分布（主题分布）中选择或采样一个主题，然后再在这个主题对应的词的 Multinomial 分布（词分布）中选择或采样一个词。不断重复这个随机生成过程，直到 M 篇文章全部生成完成。

2. LDA 参数估计

在 PLSA 中，使用极大似然估计的思想，利用 EM 算法估计（$p(\omega_j|z_k)$、$p(z_k|d_i)$）这两个未知但值固定的参数。

而在 LDA 中，估计 φ，θ 这两个未知且不固定的参数，可以用变分（Variational Inference)-EM 算法，也可以用 Gibbs 采样，前者的思想是最大后验估计 MAP（MAP 与 MLE 类似，都把未知参数当作固定的值），后者的思想是贝叶斯估计。贝叶斯估计是对 MAP 的扩展，但它与 MAP 有着本质的不同，即贝叶斯估计把待估计的参数看作是服从某种先验分布的随机变量。

由于 LDA 把要估计的主题分布和词分布看作是其先验分布是 Dirichlet 分布的随机变量，所以，在 LDA 这个估计主题分布、词分布的过程中，它们的先验分布（即 Dirichlet 分布）事先由人为给定，那么 LDA 就是要去求它们的后验分布（LDA 中可用 Gibbs 采样去求解它们的后验分布，得到期望 $\hat{\varphi}$、$\hat{\theta}$）。

3.4 LDA 模型应用实例

在本节中，将主要使用 Python 2.7 语言结合其机器学习工具库 Gensim 进行实际使用来说明，LDA 模型的输入和输出分别是什么，进一步理解在 LDA 模型中是如何表示文本的，在这个过程中将会用到 Gensim 库中的 corpora、models 和 similarities 包，同时在对文本进行预处理的时候会用到 NLTK 自然语言处理工具库，以及 Pandas 库的 DataFrame 结构。

3.4.1 配置安装

1. NLTK 库安装配置

NLTK 自然语言工具包是于 2001 年作为宾州大学计算机与信息科学系计算语言学课程的一部分被创建的，其后经过数十年的发展壮大，已发展至 NLTK 3.0，它已经被广泛应用作为许多研究项目的基础。

NLTK 需要 Python 的版本是 2.7 或者 3.4 以上，下面详细介绍如何在 Mac/UNIX 和 Windows 系统下安装 NLTK。

在 Mac/UNIX 上可以按照如下步骤安装。

(1) 安装 NLTK。在命令行中运行代码：sudo pip install-U nltk。

(2) 安装 Numpy——NLTK 的依赖包文件。在命令行中运行：sudo pip install-U numpy。

(3) 测试 NLTK 是否安装成功。首先运行 python shell，然后输入 import nltk。

在 Windows 系统中可以按照如下步骤进行安装。

(1) 安装 Python 2.7。在 https://www.python.org/downloads/中下载 Python 2.7 32bit 版本进行安装。

(2) 安装 Numpy。在 https://sourceforge.net/projects/numpy/files/NumPy/中下载相应的版本进行安装。

(3) 安装 NLTK。在 https://pypi.python.org/pypi/nltk 中挑选相应的版本下载 NLTK 库进行安装。

(4) 测试 NLTK 是否安装成功。运行 python shell，然后输入 import nltk。

安装好 NLTK 工具库之后，还需下载安装相应的配置，在 Python Shell 中运行如下语句：

```
>>> import nltk
>>> nltk.download()
```

之后会出现一个窗口，是 NLTK 的下载器，单击文件目录选择需要的字典进行下载，建议将字典安装目录设置为 C:\nltk_data(Windows)，/usr/local/share/nltk_data(Mac)或/usr/share/nltk_data(UNIX)。

2. Gensim 库安装配置

Gensim 的前身是 2008 年捷克数字图书馆的各种 Python 脚本的集合，用于生成与给定文章最相似的文章的简短列表。

Gensim 依赖于 Python≥2.6，NumPy≥1.3，SciPy≥0.7，所以在安装 Gensim 库前应该先安装好 NumPy 和 SciPy 这两个包，最后使用 easy_install 或者 pip install 的方式对 Gensim 库进行安装。

另外，由于之后的内容要使用 Pandas 的 DataFrame 结构，所以以同样的方式安装 Pandas 包。

3.4.2　文本预处理

在使用 Gensim 中的 LDA 主题模型前，需要对文本进行预处理。现有 100 条文本，使用 Pandas 的 DataFrame 结构存储成一张二维表，如表 3.1 所示。

表 3.1　待处理文本

序号	文　　本
0	How would the constitution handle the crisis raised at the end of White House Down?
1	Do you think we should name proxima B?
2	What are some other summer, student-oriented startup grant programs like Light Speed Venture Partners summer fellowship program?
3	How is Apple Music doing (December 2015)?
4	If two or more stars orbit fairly closely to each other—perhaps Sun-Mercury distance—how does that extend their combined habitable zone?
5	What do people think makes a search illegal?
…	…
99	How do I figure out how good a doctor is?

对这些文本利用 NLTK 自然语言处理库进行分词、去停、去标点和词干化等预处理，具体方法如下。

1. 分词

具体代码和结果如表 3.2 所示。

表 3.2　预处理之分词

分词代码

```
import nltk
from nltk.tokenize import word_tokenize
texts_tokenized = [
    [word.lower() for word in word_tokenize(text.decode('utf-8'))]
    for text in texts
]
print texts_tokenized
```

续表

输出结果

```
[[u'how', u'would', u'the', u'constitution', u'handle', u'the', u'crisis', u'raised',
u'at', u'the', u'end', u'of', u'white', u'house', u'down', u'?'],
[u'do', u'you', u'think', u'we', u'should', u'name', u'proxima', u'b', u'?'],
[u'what', u'are', u'some', u'other', u'summer', u',', u'student-oriented', u'startup',
u'grant', u'programs', u'like', u'light', u'speed', u'venture', u'partners', u'summer',
u'fellowship', u'program', u'?'],
[u'how', u'is', u'apple', u'music', u'doing', u'(', u'december', u'2015', u')', u'?'],
[u'if', u'two', u'or', u'more', u'stars', u'orbit', u'fairly', u'closely', u'to', u'each',
u'other\u2014perhaps', u'sun\u2013mercury', u'distance\u2014how', u'does', u'that',
u'extend', u'their', u'combined', u'habitable', u'zone', u'?'],
[u'what', u'do', u'people', u'think', u'makes', u'a', u'search', u'illegal', u'?'],
…
[u'how', u'do', u'i', u'figure', u'out', u'how', u'good', u'a', u'doctor', u'is', u'?']
]
```

从表 3.2 中代码可以看出，一百条文本均被分词处理，并全部小写化，每条文本被表示成一个词序列；而同时我们发现，输出结果中，标点符号及一些停用词还有很多，所以下一步就是将词序列进行过滤，去掉停用词和标点符号。

2. 去停、去标点

在这里利用 NLTK 自带的英文停用词表，进行去停、去标点，具体的代码如表 3.3 所示。

表 3.3　预处理之去停、去标点

去停和去标点代码

```
from nltk.corpus import stopwords
english_stopwords = stopwords.words('english')
texts_filterd_stopwords = [
    [word for word in text_tokenized if not word in english_stopwords]
    for text_tokenized in texts_tokenized
]
english_punctuations = [',', '.', ':', ';', '?', '(', ')', '[', ']', '&', '!', '*',
'@', '#', '$', '%']
texts_filterd_punctuations = [
    [word for word in text_filterd_stopwords if not word in english_punctuations]
    for text_filterd_stopwords in texts_filterd_stopwords
]
print texts_filterd_punctuations
```

续表

输出结果	[[u'would', u'constitution', u'handle', u'crisis', u'raised', u'end', u'white', u'house'], [u'think', u'name', u'proxima', u'b'], [u'summer', u'student-oriented', u'startup', u'grant', u'programs', u'like', u'light', u'speed', u'venture', u'partners', u'summer', u'fellowship', u'program'], [u'apple', u'music', u'december', u'2015'], [u'two', u'stars', u'orbit', u'fairly', u'closely', u'other\u2014perhaps', u'sun\u2013mercury', u'distance\u2014how', u'extend', u'combined', u'habitable', u'zone'], [u'people', u'think', u'makes', u'search', u'illegal'], … [u'figure', u'good', u'doctor']]

更进一步，需要对这些英文单词词干化，NLTK 提供了多种相关工具接口可供选择，这里使用 LancasterStemmer。

3. 词干化

对文本词序列进行词干化，具体操作如表 3.4 所示。

表 3.4 对文本词序列进行词干化

词干化代码	from nltk.stem.lancaster import LancasterStemmer
	st = LancasterStemmer()
	texts_stemmed = [
	    [st.stem(word) for word in text_filterd_punctuations]
	    for text_filterd_punctuations in texts_filterd_punctuations
	]

输出结果	[[u'would', u'constitut', u'handl', u'cris', u'rais', u'end', u'whit', u'hous'], [u'think', u'nam', u'proxim', u'b'], [u'sum', u'student-oriented', u'startup', u'grant', u'program', u'lik', u'light', u'spee', u'vent', u'partn', u'sum', u'fellow', u'program'], [u'appl', u'mus', u'decemb', u'2015'], [u'two', u'star', u'orbit', u'fair', u'clos', u'other\u2014perhaps', u'sun\u2013mercury', u'distance\u2014how', u'extend', u'combin', u'habit', u'zon'], [u'peopl', u'think', u'mak', u'search', u'illeg'], … [u'fig', u'good', u'doct']]

至此，文本已经经过了处理，可以作为输入使用 Gensim 工具包了。

3.4.3 使用 Gensim

在上述预处理的基础上，我们可以使用 Gensim 工具库，做快速的文本相似度的实验了。首先，启动 Python 后做一些准备工作，如下所示，将需要使用的包引入，并进行日志设置。

```
from gensim import corpora,models,similarities
import logging
logging.basicConfig(format = '%(asctime)s : %(levelname)s : %(message)s', level =
logging.INFO)
```

做好以上工作之后，使用 Gensim 分为 4 步：第一，抽取词袋，将文本中的 token 映射为 id；第二，将单词序列表示的文本转换成 id 表示的文本向量；第三，用文本向量来训练 LDA 模型，并使用 LDA 模型将文本向量再次向量化；第四，计算文本相似度。

1. 抽取词袋

```
dictionary = corpora.Dictionary(texts_stemmed)
print dictionary.token2id
```

输出是一个字典，字典的 key 是单词词干，而 value 是对应的 id。例如：

```
{u'childr': 497, u'h.264': 491, u'sci': 307, u'rom': 92, u'funct': 53, u'consum': 373,
u'protest': 411, u'/': 501, u'anti-sugar': 369, …}
```

在这两行代码中，corpora 是 Gensim 中的一个基本概念，是文档集的表现形式，也是后续处理的基础。其基于词袋模型，只考虑词频而不考虑词语间的位置关系，所以文档集中，所有相同的单词均有相同的 id 对应，而不会因为位置不一样而有差别。

另外，词典(Dictionary)是所有文档中所有单词的集合，而且记录各个词语的频次等信息。

2. 文本向量化

```
corpus = [dictionary.doc2bow(text_stemmed) for text_stemmed in texts_stemmed]
print corpus
```

这两行代码可以将文本转化为用 id 和词频表示的文档向量。

代码的输出如下所示。

```
[[(0, 1), (1, 1), (2, 1), (3, 1), (4, 1), (5, 1), (6, 1), (7, 1)],
[(8, 1), (9, 1), (10, 1), (11, 1)],
[(12, 1), (13, 1), (14, 1), (15, 1), (16, 1), (17, 2), (18, 1), (19, 1), (20, 1), (21,
2), (22, 1)],
```

```
[(23, 1), (24, 1), (25, 1), (26, 1)],
[(27, 1), (28, 1), (29, 1), (30, 1), (31, 1), (32, 1), (33, 1), (34, 1), (35, 1), (36,
1), (37, 1), (38, 1)],
[(10, 1), (39, 1), (40, 1), (41, 1), (42, 1)]
…
[(182, 1), (505, 1), (506, 1)]
]
```

以上输出和表 3.3 中的输出结果是一一对应的关系，其中第一行(0, 1)这个元素即指 id 为 0 的单词“would'”在第一个文本中出现了一次，第三行的(17, 2)这个元素即指 id 为 17 的单词“program”在第三个文本中出现了两次，以此类推。

3. 训练 LDA 模型

在训练 LDA 模型前，因为直接用词频来表示的文本向量在进行模型训练时并不理想，于是先使用词频表示的文本向量，训练一个 TFIDF 模型，并用该模型将文本表示成使用 tfidf 值表示的文本向量。

```
tfidf = models.TfidfModel(corpus)
corpus_tfidf = tfidf[corpus]
for text in corpus_tfidf:
    print text
```

运行上述代码，日志输出为：

```
2017-05-16 12:20:24,431 : INFO : collecting document frequencies
2017-05-16 12:20:24,433 : INFO : PROGRESS: processing document #0
2017-05-16 12:20:24,434 : INFO : calculating IDF weights for 100 documents and 506
features (666 matrix non-zeros)
```

代码输出如下所示。

```
[(0, 0.366537750708288), (1, 0.31136832195508723), (2, 0.31136832195508723), (3,
0.366537750708288), (4, 0.366537750708288), (5, 0.366537750708288), (6,
0.366537750708288), (7, 0.366537750708288)]
[(8, 0.5708836739015911), (9, 0.5708836739015911), (10, 0.3990305640223574), (11,
0.43469330650614224)]
[(12, 0.25540681625186845), (13, 0.25540681625186845), (14, 0.25540681625186845),
(15, 0.25540681625186845), (16, 0.25540681625186845), (17, 0.4339285197148856),
(18, 0.2169642598574428), (19, 0.25540681625186845), (20, 0.25540681625186845),
(21, 0.5108136325037369), (22, 0.2169642598574428)]
[(23, 0.4885778881312231), (24, 0.5751459847840765), (25, 0.4379387978304993), (26,
0.4885778881312231)]
[(27, 0.307106574386233), (28, 0.307106574386233), (29, 0.307106574386233), (30,
0.307106574386233), (31, 0.307106574386233), (32, 0.2338430373343246), (33,
0.307106574386233), (34, 0.26088242900829905), (35, 0.307106574386233), (36,
```

```
0.26088242900829905), (37, 0.2338430373343246), (38, 0.307106574386233)]
[(10, 0.3740686821519087), (39, 0.5351712946641429), (40, 0.4075004948640919), (41,
0.3481369535881885), (42, 0.5351712946641429)]
...
[(182, 0.47407074858575643), (505, 0.6225981550467927), (506, 0.6225981550467927)]
```

有了 tfidf 值表示的文本向量，就可以训练一个 LDA 模型了，为了方便演示设置 topic 数目为 2：

```
lda = models.LdaModel(corpus_tfidf, id2word = dictionary, num_topics = 2)
corpus_lda = lda[corpus_tfidf]
```

运行上述代码，日志输出为：

```
2017 - 05 - 16 13:04:47,644 : INFO : using symmetric alpha at 0.5
2017 - 05 - 16 13:04:47,644 : INFO : using symmetric eta at 0.00197238658777
2017 - 05 - 16 13:04:47,644 : INFO : using serial LDA version on this node
2017 - 05 - 16 13:04:47,661 : INFO : running online LDA training, 2 topics, 1 passes over
the supplied corpus of 100 documents, updating model once every 100 documents, evaluating
perplexity every 100 documents, iterating 50x with a convergence threshold of 0.001000
2017 - 05 - 16 13:04:47,663 : WARNING : too few updates, training might not converge;
consider increasing the number of passes or iterations to improve accuracy
2017 - 05 - 16 13:04:47,844 : INFO : - 8.047 per - word bound, 264.5 perplexity estimate
based on a held - out corpus of 100 documents with 247 words
2017 - 05 - 16 13:04:47,844 : INFO : PROGRESS: pass 0, at document #100/100
2017 - 05 - 16 13:04:47,996 : INFO : topic #0 (0.500): 0.005 * "best" + 0.004 * "us" +
0.004 * "work" + 0.004 * "googl" + 0.004 * "'s" + 0.004 * "buy" + 0.003 * "quest" +
0.003 * "2016" + 0.003 * "import" + 0.003 * "pap"
2017 - 05 - 16 13:04:47,996 : INFO : topic #1 (0.500): 0.004 * "work" + 0.004 * "appl"
+ 0.004 * "bet" + 0.004 * "nam" + 0.004 * "mak" + 0.004 * "good" + 0.004 * "peopl" +
0.003 * "tim" + 0.003 * "think" + 0.003 * "android"
2017 - 05 - 16 13:04:47,996 : INFO : topic diff = 0.376601, rho = 1.000000
```

从日志输出来看，LDA 模型中两个主题单词都有其概率意义，其和为 1，值越大权重越大，不过从日志输出来看，这 100 条文本训练出来的 LDA 模型分类太平均了，效果不好，这里只做演示，在实际使用中，LDA 模型适合大量的长文本，而不是短文本。

迭代输出 corpus_lda，使用 LDA 模型表示的文本向量：

```
for text in corpus_lda[0:6]:
    print text
```

输出结果如下所示。

```
[(0, 0.3406041781954956), (1, 0.65939582180450429)]
[(0, 0.22597417423786995), (1, 0.77402582576213019)]
```

```
[(0, 0.84805562246149802), (1, 0.15194437753850201)]
[(0, 0.21450428771479105), (1, 0.78549571228520898)]
[(0, 0.65051568395918502), (1, 0.34948431604081509)]
[(0, 0.19286844705426348), (1, 0.80713155294573657)]
…
[(0, 0.55708521789362775), (1, 0.44291478210637231)]
```

LDA 模型将 tfidf 表示的文本向量映射到二维的 topic 空间，表示成某个文本在某个可能的 topic 主题上的概率是多少。

4. 计算相似度

当给定一个查询，需要在语料库中找到最相关的语料，首先需要建立索引：

```
lda_index = similarities.MatrixSimilarity(corpus_lda)
```

运行后日志输出为：

```
WARNING : scanning corpus to determine the number of features (consider setting 'num_features' explicitly)
2017-05-16 13:28:21,069 : INFO : creating matrix with 100 documents and 2 features
```

在这里使用文本集第一条文本作为查询来计算余弦相似度，并排序：

```
sims = lda_index[corpus_lda[0]]
sort_sims = sorted(enumerate(sims), key=lambda item: -item[1])
print sort_sims
```

输出结果为：

```
[(0, 0.99999976), (20, 0.99986219), (56, 0.99973673), (21, 0.99968654), (45, 0.99932444), (51, 0.99894542), (48, 0.99845517), (26, 0.99415189), (90, 0.99091542), (86, 0.98954976), (87, 0.98942244), (74, 0.98887068), (52, 0.98595977), (36, 0.98595858), (25, 0.98471349), (15, 0.98420799), (41, 0.9839648), (27, 0.98321402), (1, 0.98124623), (94, 0.97978067), (34, 0.97926497), (40, 0.97920299), (3, 0.97771263), (79, 0.97622615), (17, 0.97522271), (29, 0.9746123), (71, 0.97387516), (83, 0.97187316), (57, 0.97102541), (73, 0.97078645), (65, 0.97062421), (5, 0.97049183), (70, 0.96968943), (47, 0.96918607), (80, 0.96916544), (53, 0.96864861), (7, 0.96804917), (72, 0.96666151), (81, 0.96563566), (19, 0.96528029), (75, 0.96308815), (91, 0.96268767), (84, 0.9618504), (62, 0.96131843), (68, 0.96084613), (55, 0.95879519), (76, 0.95838296), (98, 0.95630652), (93, 0.95171386), (16, 0.9512918), (39, 0.95076859), (31, 0.94574434), (99, 0.91274667), (4, 0.82241428), (11, 0.81467485), (59, 0.79645193), (89, 0.79556501), (23, 0.79261315), (37, 0.78737354), (30, 0.74438167), (18, 0.73747993), (49, 0.73280084), (38, 0.70336533), (33, 0.69548559), (96, 0.68735188), (54, 0.68344373), (10, 0.67878008), (13, 0.67847431), (82, 0.67684174), (8, 0.67355728), (63, 0.67065203), (43, 0.67014968), (97, 0.66950113), (58, 0.66930395), (60,
```

```
0.66842979), (50, 0.66504508), (22, 0.66479057), (69, 0.6632219), (88, 0.65770352),
(42, 0.65090638), (12, 0.65038872), (77, 0.65007883), (14, 0.64986783), (95,
0.64695704), (35, 0.64584285), (46, 0.64518237), (78, 0.64240724), (85,
0.64102268), (92, 0.6379953), (67, 0.63318151), (6, 0.6324774), (9, 0.63196814),
(44, 0.6315304), (32, 0.62179583), (24, 0.61987162), (64, 0.61975366), (61,
0.61862588), (2, 0.60951793), (28, 0.60730588), (66, 0.60294652)]
```

其中最相似的当然是第一条文本自身，余弦相似度高达 99.9999%。

习题

1. 小试牛刀：自己配置环境，并准备一定量的文本，使用 LDA 模型计算其相似度。

2. 在第 4 部分的计算相似度部分，先用 tfidf 将文本向量化后，在使用 LDA 模型将其映射到 topic 空间，讨论将文本 tfidf 向量化的好处和坏处，尝试不进行这一步的 tfidf 向量化，直接使用 LDA 模型计算相似度。

3. 实验并讨论使用 LDA 模型时，topics 的数量选择对最终结果的影响。

4. 实验并讨论使用 LDA 模型计算文本相似度时，文本长度对最终结果的影响。

第4章

决　策　树

4.1　决策树简介

4.1.1　一个小例子

决策树是一种有监督的分类方法，它是用已有的数据构造出一棵树，用这棵树，对新的数据进行预测。举个例子，假设我们采集有了一组人对某盘菜试吃结果的数据，每一数据包括 4 个属性：试吃者的年龄（只能从 10 岁以下、10～50 岁、50 岁以上里面进行选择）、试吃者对该盘菜食物颜色的评价（颜色不错、颜色一般、颜色不好）、试吃者对于该盘菜气味的评价（闻起来很香、闻起来一般、闻起来不好）、试吃者对该盘菜味道的评价（味道不错、味道一般、味道不好）。我们希望利用收集到的数据，构造出这样一种方法，通过这种方法，当已知试吃者的年龄及试吃者对该盘菜颜色、气味的评价后预测出试吃者对该盘菜味道的评价。当需要完成类似于这样的一个预测任务时，决策树就可以成为一个选择。再回到刚才那个例子，假设用收集到的数据构造出如图 4.1 所示这样一棵树。

为了方便读者直观的理解，省略了这棵树的右半部分。现在，我们已经构造出了这棵树，就可以对新得到的数据进行预测了。有一个 7 岁的小朋友试吃了这盘菜，并告诉我们这盘菜颜色一般但闻起来很香，你能根据这棵树预测出他对这盘菜味道的评价吗？是的，通过上面的这棵树，我们用原来数据的经验得到的结果是这个小朋友会觉得这盘菜味道不错。

现在，相信读者已经了解了决策树是一棵什么样的树，它可以用来完成什么样的

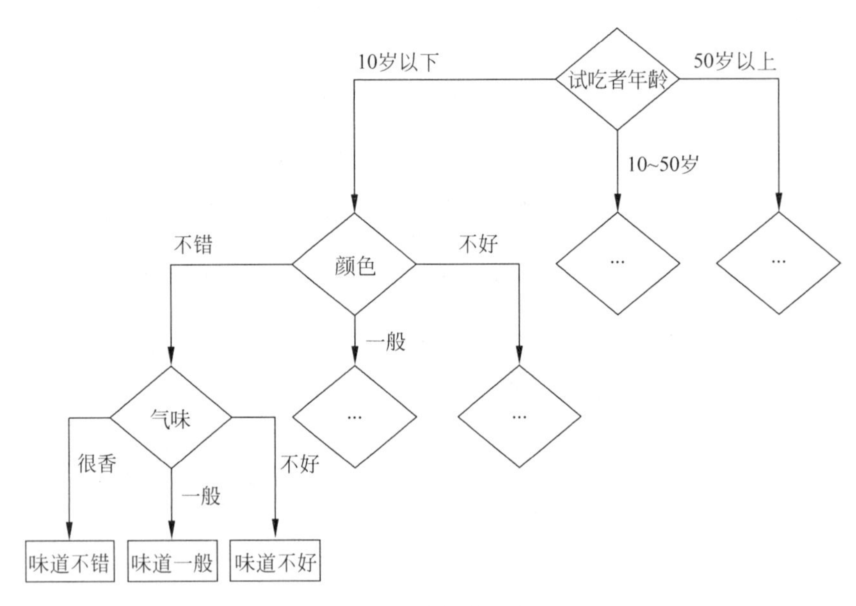

图 4.1 决策树示意

任务，它大概的执行步骤是什么，那么接下来就让我们来看看这棵树是怎么构造出来的。

4.1.2 几个重要的术语及决策树构造思路

1. 几个重要的术语

在进入正题之前，我们先了解几个术语，如果读者已经学过数据结构，那么可以跳过术语这一部分，直接看构造思路。

树是一种很重要的数据结构，在刚才得到的那棵树中，根据节点位置的不同，一般有如下几个名词。

(1) 根节点：一棵树只有一个根节点，在之前给出的例子的树中，最上方的节点(形状为圆角方框)就是这棵树的根节点，我们在用这棵树进行预测时，这个根节点也是整个预测的入口。

(2) 子节点：我们看到最下面的形状为矩形框节点就是这棵树的叶子节点，在决策树中，叶子节点的内容就是我们对于输入数据的预测结果。在这里要注意，一棵树可以有很多叶子节点，但是根节点只能有一个。

(3) 内部节点：除了根节点和叶子外，其他的节点就是内部节点，内部节点的内容对应某一属性(在例子中即为气味或者颜色)，这个属性的不同的值可能会通向不同的内部节点或者叶子节点。

(4) 子树：对于某一非根节点，该节点及从该节点下面可以到达的其他节点，可以看作原决策树的一部分，称为原决策树的子树。

2. 构造思路

通过上面的例子可以看出来，在构造这棵树时，在每个非叶子节点都需要去选择某一属性，这个属性不同的取值对应这个节点的不同子树，也就是说，构造一棵好的决策树很重要的一点就在于如何去选择这个节点下的属性。在4.2节中我们将用一种数学方法进行度量，从而进行划分选择。

我们可以很容易地发现，子节点的属性一定是与父节点及父节点以上的属性不同的，当子节点没有属性可以选择时，这个子节点一定是叶子节点。这就为如何编程实现决策树提供了一个思路，即使用递归的方法构造，递归的边界条件也十分清晰，即为一个可以选择的属性集，子树的构造仅依赖于可以选择的属性集，当该属性集为空时，函数返回，否则在该节点选择某一属性，并递归构造该节点的子树。写成伪代码的格式如下。

```
输入: 训练集 D = {(x1,y1),(x2,y2)…(xn,yn)}
      属性集 A = {attr1,attr2…attrm}
ConstructTree(D,A)
{
    新建一个节点 tree_node;
    If D 中所有的数据都属于同一个类别 T
    {
        该节点为叶子节点,tree_node 的值为类别 T;
        return;
    }else if A = Ø ‖ D 中样本在 A 上取值相同{
        该节点为叶子节点,tree_node 的值为 D 中样本数最多的类;
        return;
    }else{
        从 A 中选择最优划分属性 attr*;
        For attr* 的每一个值 attr*v {
            为 tree_node 创建一个新的分支
            Dv = D 中在 attr* 上取值为 attr*v 的样本子集
            If Dv 为空
            {
                该节点为叶子节点,tree_node 的值为 D 中样本数最多的类
            }else{
                递归调用 ConstructTree(Dv,A\{attr*v}),并将返回的节点作为该节点的子
节点
            }
        }
    }
}
```

4.2 离散型决策树的构造

从上面的伪代码可以看出，构造出一棵决策树很重要的一点就在于如何选择最优划分属性，在某一节点选择某一属性的目的在于选择该属性后可以让决策树分支节点所包含的样本尽可能属于同一类别，即节点的“纯度”越来越高。

那么，为了选出最合适的属性，需要对“纯度”进行量化，下面介绍三种量化纯度的方法。假设一个样本集合一共有 m 条数据，其可以被分为 n 类，且第 k 类样本所占的比例为 $p_{(k)}=\frac{\text{第}k\text{类样本数}}{m}$。

(1) Gini 不纯度：

$$\text{Gini}=1-\sum_{i=1}^{n}P(i)^2$$

(2) 熵：

$$\text{Entropy}=-\sum_{i=1}^{n}P(i)\times\log_2 P(i)$$

(3) 错误率：

$$\text{Error}=1-\max\{P(i)\mid i\in[1,n]\}$$

上面三个公式都可以用来量化纯度，并且计算得到的值越大，表示越“不纯”，越小表示越“纯”。在实际应用中，以上三个公式选择一种即可，实践证明三个公式对最后分类结果的影响并不大。

在某一节点进行属性选择时，假设该属性 attr 存在 n 个可能的取值 $\{\text{attr}_1,\text{attr}_2,\cdots,\text{attr}_n\}$，若最后该节点选择 attr 为划分属性，则该节点会产生 n 个分支，且第 t 个分支包含 D 中所有在 attr 上取值为 attr_t 的样本，该样本集记为 D_t。可以根据上面三个公式计算出纯度 E，但是不同的样本集 D_t 中样本的数目不同，所以赋予分支节点的权重为 $\frac{|D_t|}{|D|}$，然后就可以计算出用 attr 属性对该节点进行划分时，得到的“信息增益”为：

$$\text{Gain}=E(\text{parent})-\sum_{j=1}^{k}\frac{N(v_j)}{N}\times E(v_j)$$

当计算得到的信息增益值越大，就说明在该节点使用属性 attr 来划分所获得的“纯度”越大，这也是 ID3 决策树算法使用的策略，即使用信息增益来作为属性选择的标准。

4.3 连续性数值的处理

在前面的例子中，讲述了对于离散型的数据，该如何构造一棵决策树，但是对于连续型的数据呢？比如试吃者输入的年龄并不是这样一个区间的选择，而是一组连续的整数值。以 C4.5 算法为代表的一系列算法采用取值区间二分离散的方法来处理，这种处理方法是：首先找出训练样本在该连续属性上的最大和最小值，在最大和最小值限定的取值区间上设置多个等分断点，分别计算以这些断点为分裂点的信息增益值，并比较，具有最大信息增益的断点即为最佳分裂点，自该分裂点把整个取值区间划分为两部分，相应的依据记录在该属性上的取值，也将记录集划分为两部分。

4.4 决策树剪枝

到这里我们已经构造出来了一棵决策树，但是还需要对它进行优化，让这棵决策树可以更准确地预测数据。决策树构造过程中经常会遇到一个问题，即过拟合问题。过拟合问题就是构造出来的决策树虽然在训练集上的数据的准确度特别高，但是在测试集上的数据的准确度确很低。为了解决这个问题，我们使用剪枝的方法来降低过拟合的风险。

一般来说，剪枝的策略有两种，一种是“预剪枝”，另一种是“后剪枝”。预剪枝是在决策树的生成过程中进行的；后剪枝是在决策树生成之后进行的。

1. 预剪枝

在前面讨论的算法中，当在某一节点选择使用某一属性作为划分属性时，会由于本次划分而产生几个分支，预剪枝就是对划分前后两棵树的泛化性能进行评估，根据评估结果来决定该节点是否进行划分。

首先，引入一个名词——验证集精度。一般我们将数据分为两部分，一部分是训练集，另一部分是验证集。训练集用来进行决策树的构造，另一部分没有在构造决策树用到的数据称为验证集。验证集精度即为用验证集去检验这棵树，预测结果的正确率。

那么，预剪枝的方法就是在每一次选择划分属性时，对划分前后两棵树的验证集精度进行计算，划分前精度值高，就选择在该节点不进行属性划分，直接将该节点标为叶子节点，并将该叶子节点的值设置为样本集 D 中样本数最多的类。

可以看到，预剪枝使得很多节点没有展开，既降低了过拟合的风险，又减少了训练决策树时花费的时间，但是存在这样一种可能性，虽然这个节点的展开会暂时降低泛化性能，但是这个节点后面其他节点的展开又提高了泛化性能，这又提高了预剪枝带来的欠拟合的风险。

经实践证明，这种策略无法得到较好的结果。

2. 后剪枝

在后剪枝方法中，我们先构造出来了一棵完整的决策树，并对这棵树的非叶子节点，即进行了属性划分的节点进行逆序层次遍历，从构造出来的这棵决策树深度最深的非叶子节点开始逆序进行层次遍历，对每一节点计算出当前这棵树的验证集精度和将当前节点变为叶子节点的验证集精度，取验证集精度最高的为最后选择。

后剪枝的方法比起预剪枝减少了欠拟合的风险，实践证明这也是效果较好的一种剪枝策略，但是这种后剪枝的方法其训练的开销比起未剪枝决策树和预剪枝决策树都要大很多。

习题

1. 使用一种你熟悉的语言，例如 C++/Java 来编程实现一棵决策树的决策过程。

2. 现有如表 4.1 所示数据集，需要通过给定的数据集实现一棵决策树来对今天的天气是否适合打网球做出预测(将最后 4 行数据作为测试集，其他所有数据作为训练集)。

表 4.1　天气数据

天气	温度	湿度	是否有风	是否适合打网球
晴	热	高	否	否
晴	热	高	是	否
阴	热	高	否	是
雨	温	高	否	是
雨	凉爽	中	否	是
雨	凉爽	中	是	否
阴	凉爽	中	是	是
晴	温	高	否	否
晴	凉爽	中	否	是
雨	温	中	否	是
晴	温	中	是	是
阴	温	高	是	是
阴	热	中	否	是
雨	温	高	是	否

3. 对问题 2 中构造出来的决策树进行后剪枝/预剪枝处理，比较这两种剪枝策略对结果的影响，并比较剪枝策略与不剪枝的区别。

第5章

支持向量机

支持向量机(Support Vector Machine, SVM),也称为支持向量网络(Support Vector Network),由 Bernhard E. Boser、Isabelle M. Guyon 和 Vladimir N. Vapnik 在 1992 年通过改进 Vapnik 在 1963 年提出的线性分类器而形成。它适用于二元分类问题。

5.1 分离超平面与最大间隔

在第 7 章中,将介绍采用拟合超平面以进行二元分类的单层感知机。若两类分类问题的训练数据线性可分,那么在两类训练数据点之间理论上可以作无穷多个不同的超平面。然而这些超平面并不都是具有相同的泛化能力,即能够正确区分训练样例的超平面,对测试样例的区分能力不同;这是由于某些超平面离一些训练样例点非常近,而某些超平面与所有的样例点都保持了“合理的”距离。

我们知道,单层感知机是通过梯度下降法来训练的,其拟合的超平面有随机性,并不总是能得到泛化能力比较好的超平面(如图 5.1 和图 5.2 所示)。

为了最优化所得到分离超平面的泛化能力,直觉上应当使得这个超平面具有这样的特点:对于那些离超平面最近的训练样例点,我们使超平面距离它们尽可能远。这就是支持向量机背后的直觉。

在数学上可以证明,这样的超平面是唯一的(如图 5.3 所示);这种基于**最大间隔**的学习分类器称为支持向量机。如果我们采取这样的方法来求分离超平面,显然,这样的分类器的分类行为由那些离超平面最近的训练样例点所决定;这样的训练样例点就是**支持向量**。

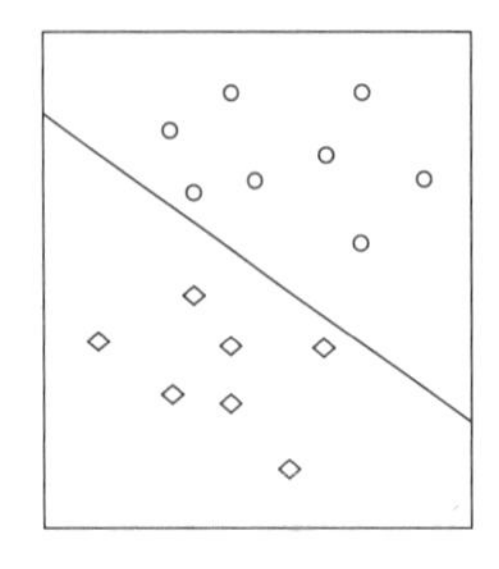

图 5.1　泛化能力较差的分离超平面

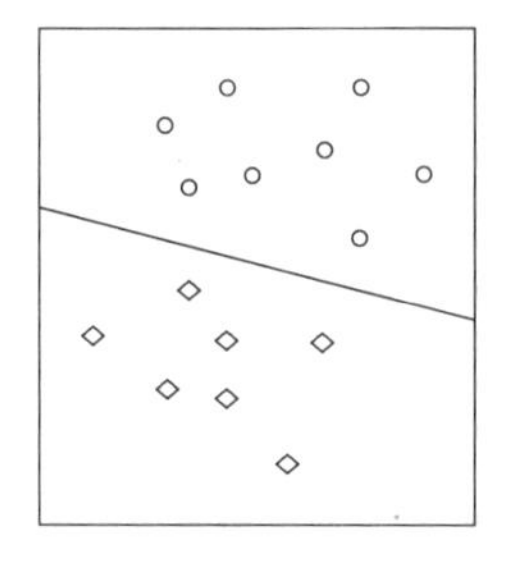

图 5.2　泛化能力较好的分离超平面

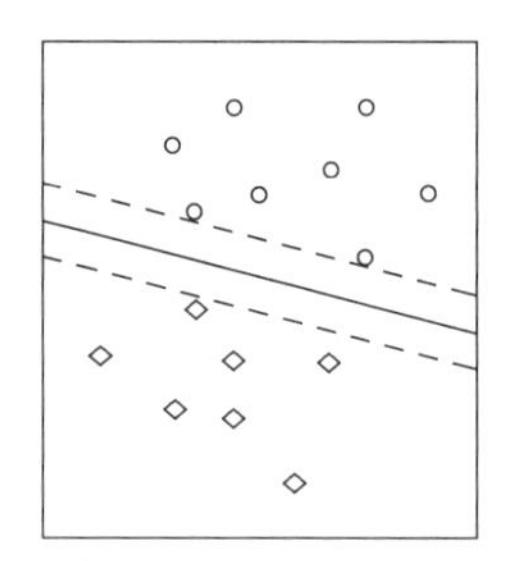

图 5.3　最大间隔分离超平面

本章接下来将从最简单的情况开始讨论，介绍训练数据线性可分的情况；然后拓展到训练数据近似线性可分的情况；最后讨论训练数据线性不可分的情况。

5.2　线性支持向量机

5.2.1　硬间隔

在最简单的情况下，训练数据完全可以由一个分离超平面分开：正例全部处于超平面的一侧，而负例全部处于超平面另一侧。这个时候只要找到这样一个分离超平面 H，它距离那些离超平面最近的点尽可能远就行了。换言之，若由正例支持向量所确定的、平行于分离超平面的超平面为 H_1，由负例支持向量所确定的、平行于分离超平面的超平面为 H_2，那么只需要使得 H_1 与 H_2 之间的距离最大，取 H 为与 H_1，H_2 距离相同的平面即可。这两个超平面之间的距离称为**间隔**。由于训练数据完全可以由分离超平面分开，我们不需要容忍任何训练数据中出现的异常点，因此这样的间隔称为**硬间隔**。

形式化地，假设有训练数据：

$$D = \{X^{(n)}, Y^{(n)}\}_{n=1}^{N}$$

其中，$X^{(n)}$ 为**输入向量**；$Y^{(n)}$ 为**类别标记**，$Y^{(n)} = +1$ 代表正类，$Y^{(n)} = -1$ 代表负类。

分离超平面为：

$$w \cdot x + b = 0$$

当 $w \cdot x+b>0$ 时表示预测为正类，当 $w \cdot x+b<0$ 时代表预测为负类。

一个样例点 (x, y) 到分离超平面 H 的欧几里得距离为：

$$d = \frac{|w \cdot x + b|}{\|w\|}$$

其中，$\|\cdot\|$ 为向量的 2-范数。观察到，训练样例中 $w \cdot x+b$ 的符号与 y 的符号是一致的，而 y 只能等于 1 或 -1，我们借此消去绝对值符号，因此上式可表示为：

$$d = y\left(\frac{w}{\|w\|}x + \frac{b}{\|w\|}\right)$$

由于 H_1 由离 H 最近的点 (x_i, y_i) 决定，因此其距离可表示为：

$$d_1 = \min_i y_i\left(\frac{w}{\|w\|}x_i + \frac{b}{\|w\|}\right)$$

由于 H_2 到 H 的距离和 H_1 到 H 的距离相同，$d_2=d_1$，因此间隔为：

$$m = 2 \cdot d_1 = \min_i 2y_i\left(\frac{w}{\|w\|}x_i + \frac{b}{\|w\|}\right)$$

前面提到，为了得到最优分离超平面，我们要让间隔最大，因此我们的训练目标为找到这样的 w, b，使得：

$$w, b = \arg\max_{w,b}\left[\min_i 2y_i\left(\frac{w}{\|w\|}x_i + \frac{b}{\|w\|}\right)\right]$$

我们知道，如果成比例地改变 w, b 的大小，间隔也会同比例放大或缩小；但是这种情况下间隔放大并没有任何意义，因为分类器的泛化能力没有得到任何提升。对于这个问题，习惯上，我们对支持向量所决定的超平面做如下规定：

$$H_1: w \cdot x + b = 1$$

$$H_2: w \cdot x + b = -1$$

这样就消除了 w, b 的绝对大小对间隔所造成的影响。因此当训练目标中的 $2y_i\left(\frac{w}{\|w\|}x_i + \frac{b}{\|w\|}\right)$ 取得最小值时，总是有 $y_i(w \cdot x_i+b)=1$。训练目标可以写成：

$$w = \arg\max_w \frac{2}{\|w\|}$$

在数学上可以证明，以上优化目标等价于：

$$w = \arg\min_w \frac{\|w\|^2}{2}$$

若将 $\min_i 2y_i\left(\frac{w}{\|w\|}x_i + \frac{b}{\|w\|}\right)$ 表示为约束条件 $\forall i\, y_i(w \cdot x_i+b) \geqslant 1$，则寻找具有最大间隔的分离超平面的问题可表示为如下的最优化问题：

$$\min_{w,b} \frac{\|w\|^2}{2}, \quad \text{s.t. } \forall i\, y_i(w \cdot x_i + b) \geqslant 1$$

以上最优化问题是一个凸二次规划的问题，可以将其作为原始问题(Primal Problem)，通过拉格朗日乘子法构造其对偶问题(Dual Problem)；并通过求解这个对偶问题得到原始问题的最优解。

首先对原始问题的每个不等式约束引入拉格朗日乘子$\alpha_i \geqslant 0$，构造拉格朗日函数：

$$L(w,b;\alpha)=\frac{\|w\|^2}{2}-\sum_i \alpha_i y_i(w\cdot x_i+b)+\sum_i \alpha_i$$

根据拉格朗日对偶性，原始问题的对偶问题是最大最小问题：

$$\max_{\alpha}\min_{w,b} L(w,b;\alpha)$$

对于最小问题的求解，联立以下三式：

$$\begin{cases}\dfrac{\partial L}{\partial w}=w-\sum_i \alpha_i y_i x_i=0\\ \dfrac{\partial L}{\partial b}=\sum_i \alpha_i y_i=0\\ L(w,b;\alpha)\end{cases}$$

可以得到：

$$\min_{w,b} L(w,b;\alpha)=-\frac{1}{2}\sum_i\sum_j \alpha_i\alpha_j y_i y_j\cdot x_i\cdot x_j+\sum_i \alpha_i$$

于是得到对偶问题：

$$\max_{\alpha}-\frac{1}{2}\sum_i\sum_j \alpha_i\alpha_j y_i y_j\cdot x_i\cdot x_j+\sum_i \alpha_i,\quad \text{s.t.}\sum_i \alpha_i y_i=0,\alpha_i\geqslant 0$$

这是一个二次规划问题，我们总能为二次规划问题找到全局极大值点(x_i,y_i)以及对应的α_i，并由$w=\sum_i \alpha_i y_i x_i$计算得到$w$。

这样的训练样本点(x_i,y_i)称为支持向量。因此当我们使用已经训练好的模型进行测试的时候，只需要支持向量而不需要显式地计算出w。例如，测试输入向量为z，则

$$y=w\cdot z+b=\sum_j \alpha_j y_j(x_j\cdot z)+b$$

其中，(x_j,y_j)为支持向量，它们对应的α_i都大于等于0。

在实际算法实现上，二次规划问题已经有许多成熟的算法以及工具来求解，我们一般把它作为一个黑箱来看待。在SVM中，最常用的求解策略是序列最小最优化(Sequential Minimal Optimization，SMO)算法；其思想是进行迭代求解，在每一次迭代中选择一对(α_i,α_j)，求解仅由这两个变量构成的二次规划问题(这是非常容易求解的)，迭代直至收敛。

5.2.2 软间隔

5.2.1节介绍了训练数据线性可分的状况。然而现实中的训练数据并不都那么理想，更多的情况下是找不到这样的分离超平面把训练数据中的正例和负例完全分开的；有时候可以找到一个分离超平面“勉强”地分开正例和负例，但是为了使得正例和负例完全分开，间隔变得非常小，因此这样的分离超平面泛化能力很差。

为了解决这样的问题，对于近似于线性可分的训练样例，我们可以在某种程度上“容忍”样本点落在H_1与H_2之间（如图5.4所示），但是又要采取措施“惩罚”这些偏离，使得“容忍”的程度尽可能地低。

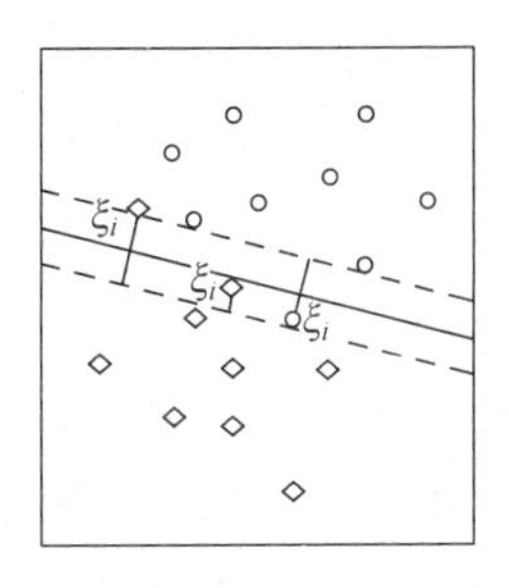

图5.4　带软间隔的线性支持向量机

形式化地，我们可以对每个样本点引入一个**松弛变量**（Slack Variable）ξ_i，使得

$$y_i(w\cdot x_i+b)\geqslant 1-\xi_i$$

同时在损失函数中加入对松弛变量的惩罚，于是损失函数变成：

$$\frac{\|w\|^2}{2}+C\sum_i \xi_i$$

因此最优化问题就成了：

$$\min_{w,b}\frac{\|w\|^2}{2}+C\sum_i \xi_i,\quad \text{s.t.}\ \forall i y_i(w\cdot x_i+b)\geqslant 1-\xi_i,\quad \xi_i\geqslant 0$$

它的对偶问题是：

$$\max_{\alpha}-\frac{1}{2}\sum_i\sum_j \alpha_i\alpha_j y_i y_j\cdot x_i\cdot x_j+\sum_i \alpha_i,\quad \text{s.t.}\sum_i \alpha_i y_i=0,\quad C\geqslant\alpha_i\geqslant 0$$

类似地，我们可以通过与5.2.1节中求解凸二次规划问题的方法来求解以上问题。

在软间隔的情况下，$\alpha_i\geqslant 0$对应的训练样本点(x_j,y_j)称为支持向量；但它们间隔边界H_1与H_2的距离不再固定，而是$\frac{\xi_i}{\|w\|}$。

5.3　非线性支持向量机

有些时候，训练数据连近似的线性划分也找不到，线性超平面无法有效划分正类与负类，而是需要超曲面等非线性的划分。然而，非线性的优化问题往往难以求解。因此通常的做法是将**输入向量**从输入的空间投射到另一个空间（特征空间）中（如图5.5所示）。在这个特征空间中，投射后得到的**特征向量**线性可分或近似线性可分，然后通过和5.2节中相同的方法进行求解。

然而这样做也带来了一个新问题：使得投射后的特征向量（近似）线性可分的特征空间维度往往比原输入空间的维度高很多，甚至具有无限个维度。

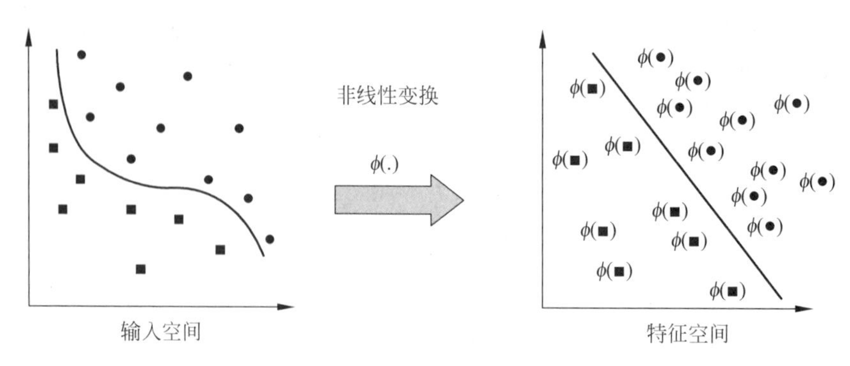

图 5.5 非线性变换

（图片来源：http://www.cise.ufl.edu/class/cis4930sp11dtm/notes/intro_svm_new.pdf）

5.3.1 核方法

为了解决新特征空间维度高的问题，引进核方法（Kernel Method），使得我们在计算中不需要直接进行非线性变换 $\phi(\cdot)$ 的计算，不需要真正得到变换后的特征向量，从而避免由计算高维度向量带来的问题。

假设我们已经得到了特征向量 $\{x_1, x_2, \cdots\}$，观察 5.2.2 节中的最优化问题的对偶问题：

$$\max_{\alpha} -\frac{1}{2}\sum_i \sum_j \alpha_i \alpha_j y_i y_j \cdot x_i \cdot x_j + \sum_i \alpha_i, \quad \text{s.t.} \sum_i \alpha_i y_i = 0, \quad C \geqslant \alpha_i \geqslant 0$$

我们发现特征向量仅以向量内积的形式出现。因此只要可以找到一个函数 $K(a,b)$，可以直接由输入向量 a 和 b 计算出投射后特征向量的内积，那么就可以避免显式地定义和计算非线性变换 $\phi(\cdot)$。

形式化地，我们定义这样的函数为**核函数**（Kernel Function）：

$$K(x_i, x_j) = \phi(x_i) \cdot \phi(x_j)$$

例如，对于二维向量 $\boldsymbol{a} = (a_1, a_2)^{\mathrm{T}}$，我们定义一种非线性变换：

$$\phi(\boldsymbol{a}) = (1, \sqrt{2}a_1, \sqrt{2}a_2, a_1^2, a_2^2, \sqrt{2}a_1 a_2)$$

而核函数的计算就非常简单：

$$K(\boldsymbol{a}, \boldsymbol{b}) = \phi(\boldsymbol{a}) \cdot \phi(\boldsymbol{b}) = (1 + a_1 b_1 + a_2 b_2)^2$$

注意，核函数 K 与非线性变换 ϕ 的关系并非一一对应。

这样一来，我们就可以把对偶问题写成

$$\max_{\alpha} -\frac{1}{2}\sum_i \sum_j \alpha_i \alpha_j y_i y_j \cdot K(x_i, x_j) + \sum_i \alpha_i, \quad \text{s.t.} \sum_i \alpha_i y_i = 0, \quad C \geqslant \alpha_i \geqslant 0$$

5.3.2 常用的核函数

我们实际上不需要先选择非线性变换 ϕ，而是可以直接定义核函数 K。一般地，

核函数 K 的选定都是由经验选定，然后通过实验验证这种选择的有效性。

下面介绍几种常用的核函数。

(1) 多项式核函数：

$$K(\boldsymbol{a},\boldsymbol{b})=(\boldsymbol{a}\cdot\boldsymbol{b}+c)^d$$

其中，c 和 d 是参数。

(2) 径向基核函数：

$$K(\boldsymbol{a},\boldsymbol{b})=\exp(-\gamma\|\boldsymbol{a}-\boldsymbol{b}\|^2)$$

其中，γ 是参数。

(3) S 型函数：

$$K(\boldsymbol{a},\boldsymbol{b})=\tanh(\gamma\boldsymbol{a}\cdot\boldsymbol{b}+c)$$

其中，γ 和 c 是参数。

而线性支持向量机可以视为核函数是线性函数 $K(\boldsymbol{a},\boldsymbol{b})=\boldsymbol{a}\cdot\boldsymbol{b}$ 的支持向量机。这样在实现的时候就可以统一接口而只更改核函数。

在实际应用中需要使用 SVM 的时候往往直接使用已有的软件包，例如 LIBSVM，SVM Light 等。使用的时候只需要将训练数据按照指定的格式写到文件中，即可通过命令行或其他程序语言接口指定参数并调用。其中，LIBSVM 实现了 5.3.2 节中介绍的所有三种核函数以及线性核函数，并可以指定核函数中的参数；SVM Light 则速度较快，适用于较大数据集的训练。

5.4　操作实例：应用 MATLAB 多分类 SVM、二分类 SVM、决策树算法进行分类

5.4.1　数据集选择

名称：Heart Disease Data Set。

描述：这个数据库收集了某个地区的人关于心脏疾病的 76 个特征，用于描述他们心脏疾病的风险(0～5)，0 表示正常，其余为不同程度的风险。其中，76 个特征里面最常用的为 14 个，有数值信息和类别信息，具体描述如下。

属性列表：

1. 53 (age)　年龄
2. 54 (sex)　性别
3. 59 (cp)　胸痛类型

Value 1：typical angina 典型心绞痛

Value 2：atypical angina 非典型心绞痛

Value 3：non-anginal pain 非心绞痛

Value 4：asymptomatic 无症状

4. 510 (trestbps)

resting blood pressure (in mm Hg on admission to the hospital)静息血压(入院时以 mmHg 表示)

5. 512 (chol)

血清胆固醇(mg / dl)

6. 516 (fbs)

(fasting blood sugar > 120 mg/dl) (1 = true; 0 = false)(空腹血糖> 120mg/ dl)(1 =真; 0 =假)

7. 519 (restecg) resting electrocardiographic results 静息心电图结果

Value 0: normal

Value 1: having ST-T wave abnormality (T wave inversions and/or ST elevation or depression of > 0.05mV)具有 ST-T 波异常(T 波倒置和/或 ST 升高或抑制> 0.05mV)

Value 2: showing probable or definite left ventricular hypertrophy by Estes' criteria 根据 Estes 标准显示可能或确定的左心室肥大

8. 532 (thalach)

maximum heart rate achieved 最大心率

9. 538 (exang)

exercise induced angina (1 = yes; 0 = no)运动诱发心绞痛(1 =是; 0 =否)

10. 540 (oldpeak)

ST depression induced by exercise relative to rest 运动相对于休息诱导的 ST 抑制

11. 541 (slope) the slope of the peak exercise ST segment 峰值运动 ST 段的斜率

Value 1: upsloping 上升

Value 2: flat 平坦

Value 3: downsloping 下降

12. 544 (ca)

number of major vessels (0-3) colored by flourosopy 通过荧光透视法着色的主要血管数(0～3)

13. 551 (thal)

3 = normal; 6 = fixed defect; 7 = reversable defect

14. 558 (num) (the predicted attribute)

diagnosis of heart disease (angiographic disease status)心脏病诊断(血管造影疾病状态)

属性 14,心脏病诊断结果,即为样本的类别标签,其余属性为样本的相关特征。

选用两个数据比较完整地区的数据,样本数共 381 条(如图 5.6 所示)。

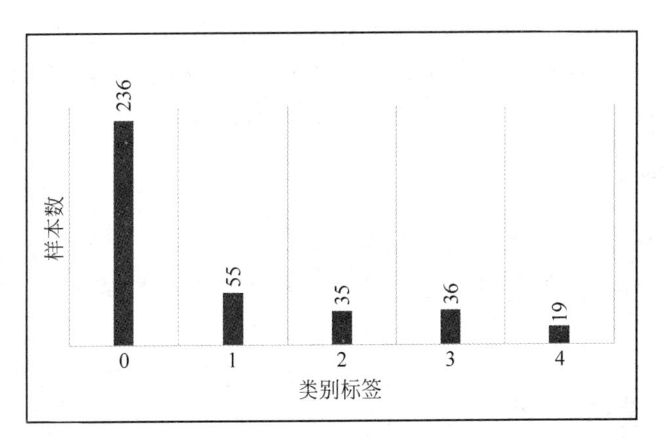

图 5.6　各类别样本数分布图

模型选择：

该数据集共有 5 个类别标签，为多分类任务，所以我们首选的分类模型为决策树。决策树不仅可以直接适用于多分类任务，而且可以将分类过程直观地显示出来，从而我们可以知道所用的分类属性的重要程度，并且决策树不仅能处理类别型属性，也能处理连续型属性。

另一方面，由于样本数量比较少，对于小样本数据的分析，SVM 的鲁棒性比较强。但 SVM 是二分类器，所以在本次作业中，我们用了两种方法将 SVM 应用于多分类任务。

5.4.2　数据预处理

1. 数据清洗

通过对数据的简单观察，我们发现数据中有少量样本的属性值有空缺，所以先对数据进行了清洗，删除了有空缺属性值的样本。

2. 特征选择

对于特征的选择，原数据集共有 76 个属性，然而网站上已经说明并推荐了其中 14 个属性作为分类相关的特征，所以在本次作业中，只使用了 13 个属性(另外 1 个为类别标签)作为分类特征。

3. 数据顺序随机化

由于我们使用了两个数据集，这两个数据集分别来自两个地区，为消除地区差异，我们将两个数据集拼接之后并进行了打乱处理。

4. 数据标准化

由于原始数据中属性值的取值范围不一，尤其对于数值性属性，如果该属性的属性值较其他属性大，那么在分类器中（尤其 SVM 中）可能会给这个属性更高的权重，这样就错误地区别了属性的重要程度。数据标准差把所有属性值映射到－1～1，消除了由于属性值取值范围带来的影响，平等对待所有属性。

5. 类别不平衡处理

数据中，类别标签为 0 的样本个数最多，占总样本数的 62%。类别不平衡会造成分类结果偏向于样本个数多的类别，虽然训练得到的分类器精度高，但泛化能力往往很差。

5.4.3 模型表现

接下来，我们在 MATLAB 上用决策树与 SVM，解决心脏病诊断分类任务。

1. 决策树

直接使用决策树模型进行多分类任务，分类过程如图 5.7 所示。

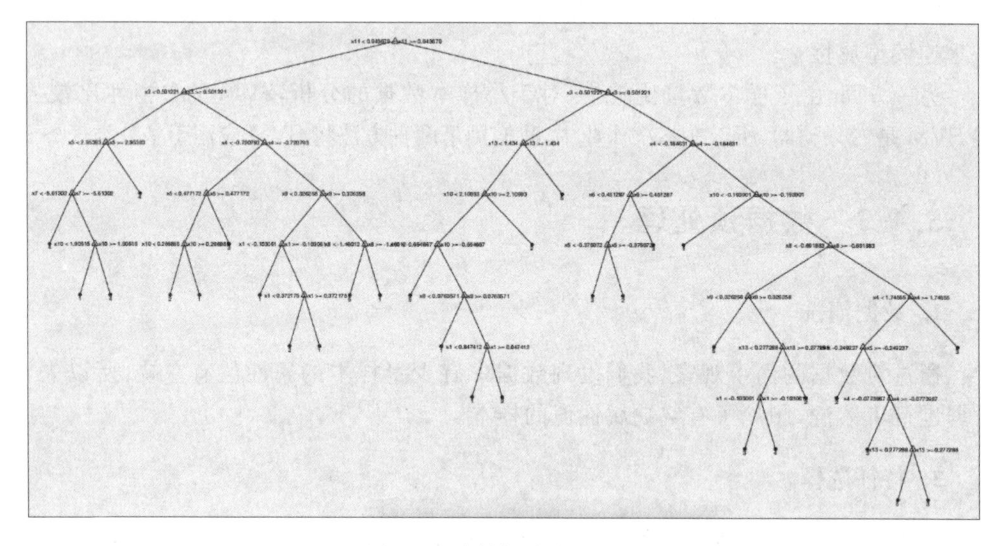

图 5.7　决策树分类过程图

由图 5.7 可以看出，属性 11 和属性 3 是最有区分力的两个属性值，即峰值运动 ST 段的斜率和胸痛类型对心脏病的诊断很有帮助。

2. SVM

我们实现了以下两种基于 SVM 的多分类。

(1) 基于 ECOC 编码的 SVM 多分类器。

ECOC，纠错输出码，是一种常见的多对多（MvM）的拆分策略，将多分类任务转化为二分类任务。

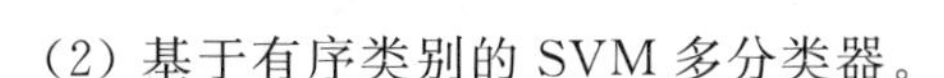

（2）基于有序类别的 SVM 多分类器。

我们考虑到，类别标签是对心脏病的诊断结果，0 表示正常，1～4 分别表示不同程度的病变，它们之间存在严重顺序关系，所以我们对于类别的划分标准如下。

分类器 1：0 vs. [1,2,3,4]，如果分类结果为 0，则分类标签设为 0；如果分类结果为 1，则进入分类器 2 进行分类。

分类器 2：1 vs. [2,3,4]，如果分类结果为 0，则分类标签设为 1；如果分类结果为 1，则进入分类器 3 进行分类。

分类器 3：2 vs. [3,4]，如果分类结果为 0，则分类标签设为 2；如果分类结果为 1，则进入分类器 4 进行分类。

分类器 4：3 vs. 4，如果分类结果为 0，则分类标签设为 3；如果分类结果为 1，则分类结果为 4。

1）分类准确率

对于以上两种模型，三个分类算法，分别计算了自助法、留一法和 5 折 5 次交叉验证的分类准确率 Accuracy，每个类别的查准率 P 和查全率 R 如表 5.1 所示。

表 5.1　三种算法在三种验证方法中的准确率

验证方法算法	自助法	留一法	5 折 5 次交叉验证平均准确率
决策树	0.8346	0.5748	0.5276
基于 ECOC 编码的 SVM 多分类器	0.7192	0.6299	0.5538
基于有序类别的 SVM 多分类器	0.7236	0.6115	0.6184

留一法和 5 折 5 次交叉验证中每个类别的查准率 P 和查全率分布 R 如图 5.8～图 5.11 所示。

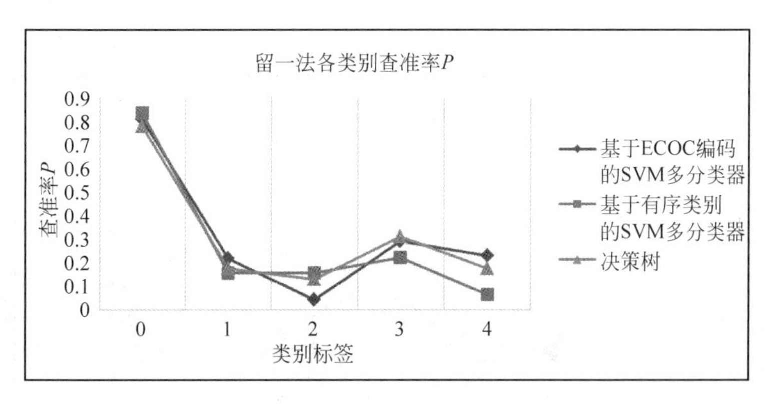

图 5.8　三种算法在留一法中各个类别的查准率

2）宏查准率与宏查全率

三种算法的宏查准率和宏查全率如表 5.2 所示。

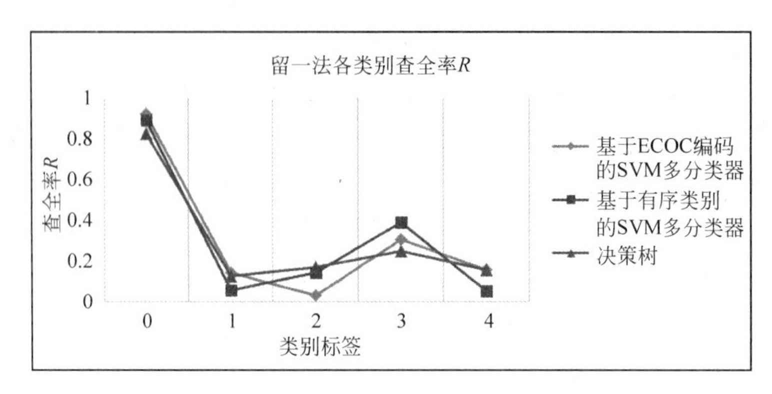

图 5.9　三种算法在留一法中各个类别的查全率

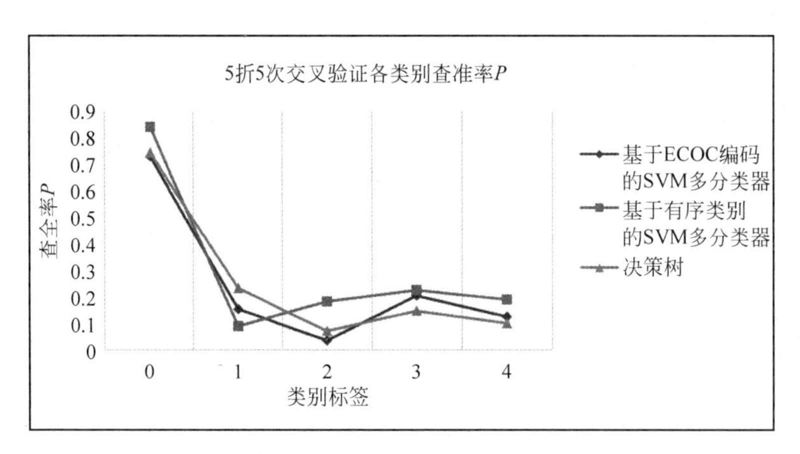

图 5.10　三种算法在 5 折 5 次交叉验证中各个类别的查准率

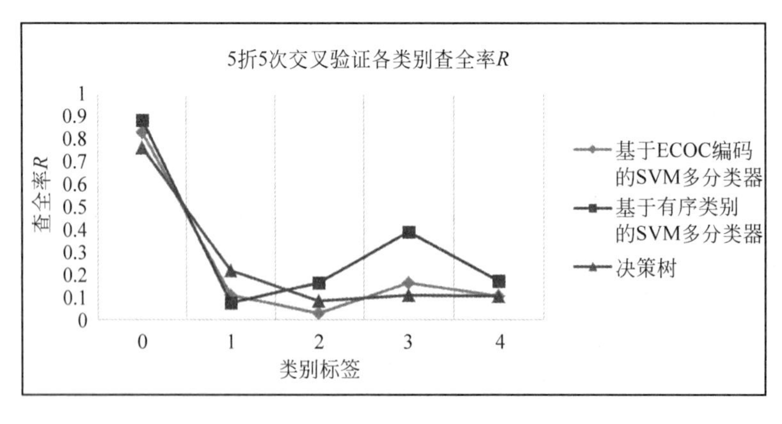

图 5.11　三种算法在 5 折 5 次交叉验证中各个类别的查全率

表 5.2　三种算法的宏查准率和宏查全率

算　法	留一法宏查准率	留一法宏查全率	5 折 5 次交叉验证宏查准率	5 折 5 次交叉验证宏查全率
决策树	0.3143	0.3057	0.2607	0.2572
基于 ECOC 编码的 SVM 多分类器	0.3172	0.3114	0.2506	0.2487
基于有序类别的 SVM 多分类器	0.2871	0.3058	0.3063	0.3391

从表 5.1 可以看出，在自助法中，三种算法的准确率都比较高，而在留一法和 5 折 5 次交叉验证中，三种算法的准确率相比于自助法都大幅下降，说明我们所使用的样子集合太小，导致算法欠拟合。决策树在自助法中准确率最高，在一定程度上说明决策树表现良好。后两种 SVM 算法在留一法和交叉验证中准确率优于决策树，说明 SVM 具有更好的鲁棒性。综合三种验证方法，基于有序类别的 SVM 多分类器表现最优。

从图 5.8～图 5.11 中可看出，无论是留一法还是交叉验证，三种算法对于类别 0 的查准率和查全率都很高，而对其他类别表现较差，这应该是类别不平衡对分类结果造成的影响。从查准率和查全率来看，三种算法表现相当。

从表 5.2 可以看出，在留一法中，基于 ECOC 编码的 SVM 多分类器表现最好。在 5 折 5 次交叉验证中，基于有序类别的 SVM 多分类器表现最好。

5.4.4　经验总结

数据预处理中，训练数据可能存在残缺或者异常，对于这些数据要舍弃或者特殊处理。

特征选择：选择正确有用的特征对模型的训练有非常重要的影响，相反，无用特征会有负面效果。特征间的差异可以通过标准化进行处理，同时，对于类别特征，可以将其转换之后再投入训练。

模型选择：不同的模型对于不同的训练数据有不同训练效果，所以不能盲目跟风使用某种模型，要有针对性地使用。

验证方法：因为数据分布不均，我们的验证方式也不尽相同。交叉验证是比较常见的方法，一方面可以避免数据分布不均，另一方面可以减少计算量。留一法相比而言准确率会更高，但是计算开销比较大。

类别不平衡会对分类结果造成严重影响，应该在数据预处理中进行处理，本次作业未对类别不平衡问题进行详细处理。一般来说，处理方法是再缩放，具体来说，有以下三种方法。

(1) 欠采样：去除一些样本多的类别中的样本。

(2) 过采样：添加样本少的类别的样本，代表性算法 SMOTE，进行插值产生额外样本。

(3) 阈值移动：在预测时，依据样本比例。

数据集太小，容易造成欠拟合，从分析的结果来看，在验证中自助法优于留一法和交叉验证，在一定程度上说明我们的分类算法具有欠拟合的问题。

附代码 1：决策树

```
% leave one out cross validation
ctreeloclabel = zeros(length(alllabel), 1);
for i = 1 : length(alllabel)
    testdata = alldata(i, :); % split the data
    testlabel = alllabel(i);
    traindata = [alldata(1 : i - 1, :); alldata(i + 1 : end, :)];
    trainlabel = [alllabel(1 : i - 1); alllabel(i + 1 : end)];

    tc = fitctree(traindata, trainlabel); % train the model
     % view(tc, 'mode', 'graph');
        ctreeloclabel(i) = predict(tc, testdata); % predict
end

ctreelocaccuray = sum(ctreeloclabel == alllabel) / length(alllabel);

% k - fold cross validation
K = 5;

ctreelabel = [];
for i = 1 : K

    tmp = length(alllabel) / K;
    testdata = alldata( (i - 1) * tmp + 1 : i * tmp, :);
    testlabel = alllabel( (i - 1) * tmp + 1 : i * tmp, :);
    traindata = [alldata(1 : (i - 1) * tmp, :); alldata(i * tmp + 1 : length
(alllabel), :) ];
    trainlabel = [alllabel(1 : (i - 1) * tmp, :); alllabel(i * tmp + 1 : length
(alllabel), :) ];
    clear tmp;

    tc = fitctree(traindata, trainlabel);
    ctreelabel = [ctreelabel; predict(tc, testdata)];
end
ctreeaccuracy = sum(ctreelabel == alllabel(1:380)) / length(alllabel);
```

附代码 2:利用 MATLAB 多分类 SVM

```
% leave one out cross validation
ecocloclabel = zeros(length(alllabel), 1);
for i = 1 : length(alllabel)
    testdata = alldata(i, :);
    testlabel = alllabel(i);
    traindata = [alldata(1 : i - 1, :); alldata(i + 1 : end, :)];
    trainlabel = [alllabel(1 : i - 1); alllabel(i + 1 : end)];

    ecoc = fitcecoc(traindata, trainlabel);
    % view(tc, 'mode', 'graph');
    ecocloclabel(i) = predict(ecoc, testdata);
end

ecoclocaccuray = sum(ecocloclabel == alllabel) / length(alllabel);

% k - fold cross validation
K = 5;
ecoctp = zeros(K, N);
ecocP = zeros(K, N);
ecoclabel = [];
for i = 1 : K
    tmp = length(alllabel) / K;
    testdata = alldata( (i - 1) * tmp + 1 : i * tmp, :);
    testlabel = alllabel( (i - 1) * tmp + 1 : i * tmp, :);
    traindata = [alldata(1 : (i - 1) * tmp, :); alldata(i * tmp + 1 : length
(alllabel), :) ];
    trainlabel = [alllabel(1 : (i - 1) * tmp, :); alllabel(i * tmp + 1 : length
(alllabel), :) ];
    clear tmp;

    ecoc = fitcecoc(traindata, trainlabel);
    ecoclabel = [ecoclabel; predict(ecoc, testdata)];
end

ecocaccuracy = sum(ecoclabel == alllabel(1:380)) / length(alllabel);
```

附代码 3:利用 MATLAB 二分类 SVM 函数自行构建多分类方法(包括计算准确率、查准率、召回率)

```
% leave one out cross validation
svmloclabel = zeros(length(alllabel), 1);
svmloccorrect = zeros(1, N);
```

```
for i = 1 : length(alllabel)
    testdata = alldata(i, :);
    testlabel = alllabel(i);
    traindata = [alldata(1 : i - 1, :); alldata(i + 1 : end, :)];
    trainlabel = [alllabel(1 : i - 1, :); alllabel(i + 1 : end, :)];

    tmpfinallabel = N;

    for svmindex = 1 : N-1

        tmptrainlabel = trainlabel(trainlabel >= svmindex) >= svmindex + 1;
        tmptraindata = traindata(trainlabel >= svmindex, :);
        SVMModel = fitcsvm(tmptraindata, tmptrainlabel);
        clear tmptraindata tmptrainlabel;

        tmpsvmlabel = predict(SVMModel, testdata);
        if tmpsvmlabel == 0
            tmpfinallabel = svmindex;
            break;
        end
    end
    clear svmcorrect tmpsvmlabel tmptestdata tmptestlabel tmptruelabel;

    svmloclabel(i) = tmpfinallabel;
    if tmpfinallabel == testlabel
        svmloccorrect(testlabel) = svmloccorrect(testlabel) + 1;
    end
end

svmlocaccuray = sum(svmloccorrect) / length(alllabel);

% k-fold cross validation
K = 5;
svmaccuracy = zeros(K, 1);
svmP = zeros(K, N);
svmR = zeros(K, N);


for i = 1 : K

    tmp = length(alllabel) / K;
    testdata = alldata( (i - 1) * tmp + 1 : i * tmp, :);
    testlabel = alllabel( (i - 1) * tmp + 1 : i * tmp, :);
```

```
    traindata = [alldata(1 : (i - 1) * tmp, :); alldata(i * tmp + 1 : length
(alllabel), :) ];
    trainlabel = [alllabel(1 : (i - 1) * tmp, :); alllabel(i * tmp + 1 : length
(alllabel), :) ];
    clear tmp;


    svmcorrect = 0;
    for svmindex = 1 : N - 1

        tmptrainlabel = trainlabel(trainlabel >= svmindex) >= svmindex + 1;
        tmptraindata = traindata(trainlabel >= svmindex, :);
        SVMModel = fitcsvm(tmptraindata, tmptrainlabel);
        clear tmptraindata tmptrainlabel;


        if svmindex == 1
            tmptestdata = testdata;
            tmptruelabel = testlabel;
        else
            tmptestdata = tmptestdata(tmpsvmlabel == 1, :);
            tmptruelabel = tmptruelabel(tmpsvmlabel == 1);
        end
        tmpsvmlabel = predict(SVMModel, tmptestdata);
        clear SVMModel;


        tmpTP = sum(~tmpsvmlabel & tmptruelabel == svmindex);
        svmP(i, svmindex) = tmpTP / sum(tmpsvmlabel == 0);
        svmR(i, svmindex) = tmpTP / sum (testlabel == svmindex);
        svmcorrect = svmcorrect + tmpTP;
        if svmindex == N - 1
            tmpTP = sum(tmpsvmlabel & tmptruelabel == svmindex + 1);
            svmP(i, svmindex + 1) = tmpTP / sum(tmpsvmlabel == 1);
            svmR(i, svmindex + 1) = tmpTP / sum (testlabel == svmindex + 1);
            svmcorrect = svmcorrect + tmpTP;
        end
    end
    svmaccuracy(i) = svmcorrect / length(testlabel);
    clear svmcorrect tmpsvmlabel tmptestdata tmptestlabel tmptruelabel;

end
```

习题

1. SVM会出现过拟合吗？为什么？
2. 实际使用中如何选择合适的核函数？
3. SVM是否适合大规模的数据？
4. SVM和Logistic回归分别在什么情况下使用？

第6章

提 升 方 法

6.1 随机森林

6.1.1 随机森林介绍

我们在前面讲过决策树这种有监督的分类方法，它确实有着很多良好的特性，训练时间复杂度较低，对目标数据进行预测的速度比较快，模型容易展示（将决策树做成图片直观地展现在别人面前）。但是，决策树这种算法最后生成的只有一棵树，尽管人们提出了剪枝的优化策略，但还是不够，依旧会存在过拟合的风险。

模型组合（比如有 Boosting，Bagging 等，会在后面详细再讲）与决策树相关的算法比较多，这些算法最终的结果是生成 N（可能会有几百棵以上）棵树，这样可以大大减少单决策树带来的问题，有点儿类似于三个臭皮匠等于一个诸葛亮的做法，虽然这几百棵决策树中的每一棵都很简单，但是它们组合起来确实很强大。

而随机森林，就是用随机的方式建立一个森林，森林里面有很多的决策树，随机森林中的每一棵决策树之间是没有关联的。在得到森林之后，当有一个新的输入样本进入的时候，就让森林中的每一棵决策树分别进行一下判断，看看这个样本应该属于哪一类（对于分类算法），然后看看哪一类被选择最多，就预测这个样本为哪一类。

6.1.2 Bootstrap Aggregation

在开始具体讲解随机森林之前，先来看一些基础的概念。

1. Bootstrap

相信读者都做过这样一道题，一个池塘里面有 N 条鱼，如果不把所有的鱼都捞出来数，如何大致估算这个池塘里有多少条鱼？这个题目最普遍的答案是捞出来 m 条鱼并给这 m 条鱼做上标记，然后将这 m 条鱼放回池塘，过一段时间后再捞 m 条，数一数现在这 m 条里有多少条被标记了，这样就可以大致推算出池塘里一共有多少条鱼。Bootstrap 就是这样一种思想，它是现代统计学较为流行的一种统计方法，在小样本时效果很好，还可以通过方差的估计构造置信区间等，使其运用范围得到进一步延伸。

2. 集成学习

下面来介绍一下什么是集成学习。

如图 6.1 所示，最上面的三张图分别代表的是三个有一定差异的分类器，为了得到一个更准确的分类器，需要将上面的三个弱分类器组合成一个强分类器，从而得到更合理的边界，减少分类错误，实现更好的分类效果，这就是集成学习。

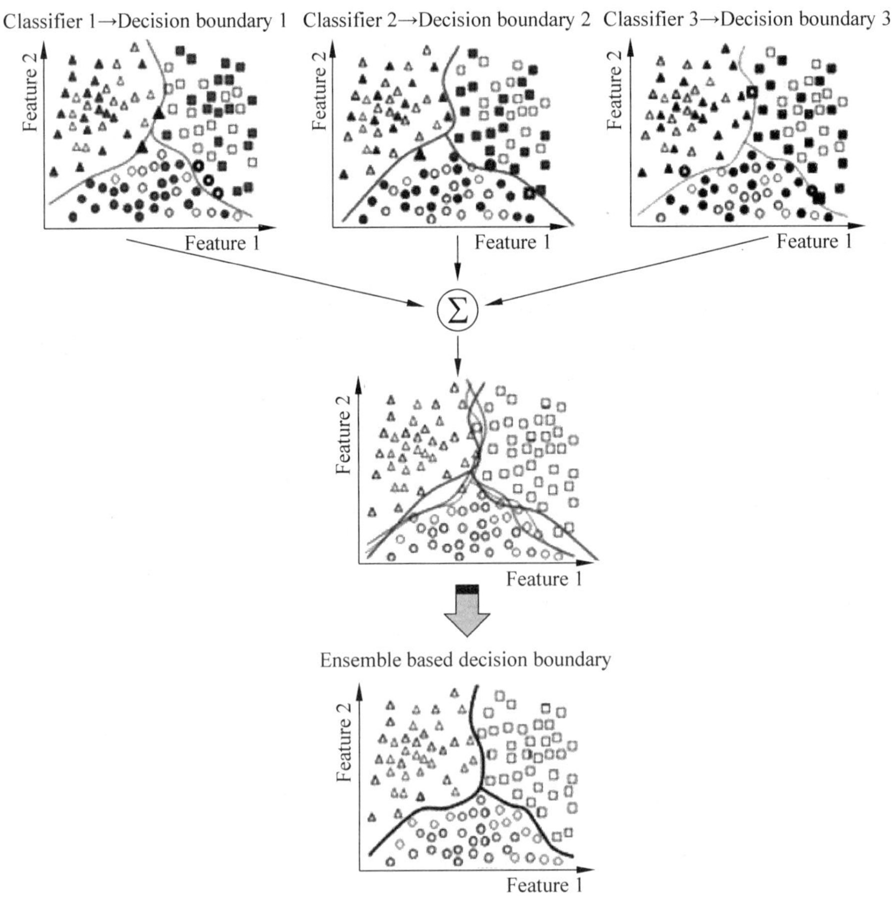

图 6.1　集成学习示意

3. Bagging

Bagging 是集成学习领域的一种基本算法。

它从训练集进行子抽样从而组成每个基模型所需要的子训练集，对所有基模型预测的结果进行综合产生最终的预测结果。下面用图 6.2 展示一下 Bagging 的策略过程。

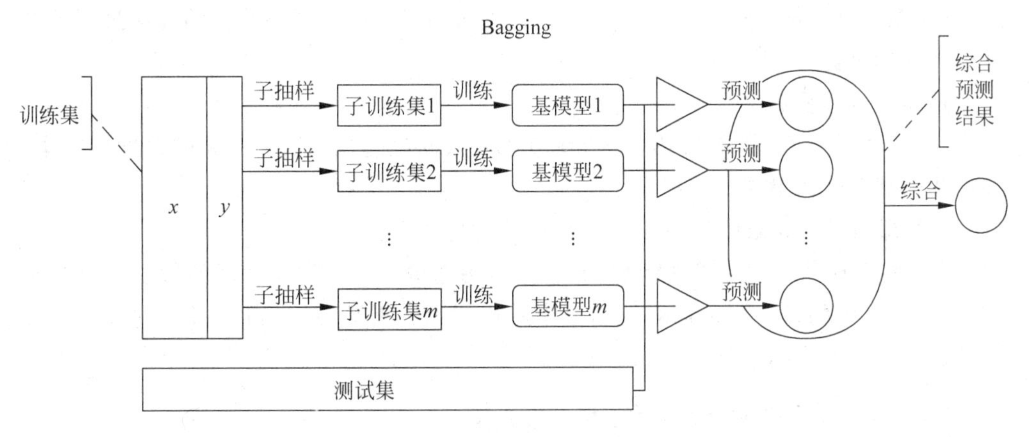

图 6.2　Bagging 策略过程

Bagging 即从样本集中用 Bootstrap 采样选出 n 个训练样本（放回，因为别的分类器抽训练样本的时候也要用），在所有属性上，用这 n 个样本训练分类器，重复以上两步 m 次，就可以得到 m 个分类器，最后将数据放在这 m 个分类器上跑，得到结果后通过投票机制（多数服从少数）看到底属于哪一类。

Bagging 算法在构造每一个样本集时采用的是随机放回抽样的方法，这相当于随机地改变样本实例的权重而获得一个新的训练集，然后在这个样本集下训练出来一个弱分类器。但我们在训练过程中，应当重点去关注前面那些被分类错误的样本，而不是对所有的样本都同一看待，那些分类错误的样本也应当在抽样中抽到的概率更大，因此，基于对 Bagging 算法的改进，出现了 Boosting 算法和 Adaboost 算法。

4. Boosting 算法

Boosting 算法是由 Robert T. Schapire 提出的，就像前面提到的，Boosting 算法更关注于被分类错误的样本，对于这样的样本加强学习，这就好比背单词，当第一遍背完一个 List 的单词，第二遍进行复习时，并不是这个 List 中的每一个单词都会花费同样的时间再去决定，而是会重点关注那些第一遍之后还没有记住的单词。Boosting 算法在实施时也使用了这种思想，首先给每一个训练样例赋予同样的权值，然后训练构造出第一个弱分类器，在这个弱分类器上进行测试，对于那些分类错误的测试样例提高权重，然后用调整过权值的训练集再去训练第二个弱分类器，重复执行以上过程直到最后得到一个足够好的分类器。

6.1.3 随机森林训练过程

随机森林中的每一棵分类树为决策树，其生成遵循自顶向下的递归分裂原则，即从根节点开始依次对训练集进行划分，在决策树中，根节点包含全部训练数据，按照节点纯度最小原则，选择该节点的划分属性，并对训练数据集同时进行划分，生成子节点，直到满足分支停止规则而停止生长。具体的如何创造一棵决策树的算法过程已经在前面提到过，在此不再展开。

具体实现过程如下。

(1) 原始训练集为D，应用 Bootstrap 法有放回地随机抽取 k 个新的自助样本集，并由此构建 k 棵决策树。

(2) 每棵树最大限度地生长，不做任何修剪。

(3) 将生成的多棵决策树组成随机森林，用随机森林分类器对新的数据进行判别与分类，森林中的每一棵树都对新的数据进行预测和投票，最终得票最多的分类项即为随机森林对该数据的预测结果。

6.1.4 随机森林的优点与缺点

1. 优点

(1) 随机森林对于高维数据集的处理能力比较好，它可以处理成千上万的输入变量，并确定最重要的变量，因此被认为是一个不错的降维方法。此外，该模型能够输出变量的重要性程度，这是一个非常便利的功能。

(2) 在对缺失数据进行估计时，随机森林是一个十分有效的方法。就算存在大量的数据缺失，随机森林也能较好地保持精确性。

(3) 当存在分类不平衡的情况时，随机森林能够提供平衡数据集误差的有效方法。

2. 缺点

随机森林给人的感觉像是一个黑盒子——你几乎无法控制模型内部的运行，只能在不同的参数和随机种子之间进行尝试，从而得到一个更优的分类器。

6.2 Adaboost

6.2.1 引入

我们在前面提到了 Boosting 算法，但是这个算法在解决实际问题时有一个重大的缺陷,即它们都要求事先知道弱分类器算法分类正确率的下限,但这在实际问题中很难解决,所以后来 Freund 和 Schapire 提出了 Adaboost 算法,这个算法可以非常容易地应用到实际问题的解决中。

如图 6.3 所示,这就是 Adaboost 的结构,最后的分类器 Y_M 是由数个弱分类器组合而成的,相当于最后 m 个弱分类器来投票决定分类,而且每个弱分类器的“话语权” α 不一样。

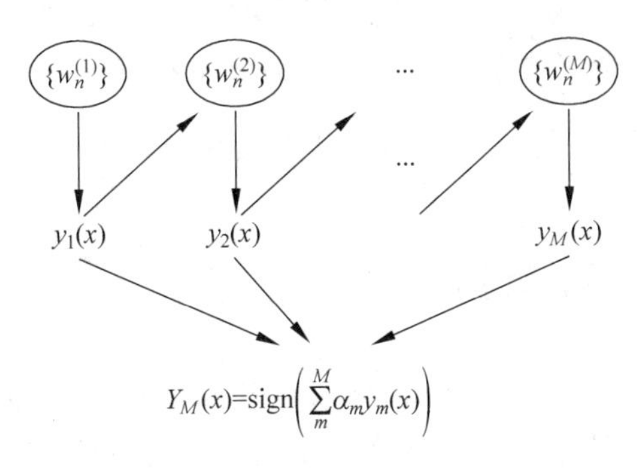

图 6.3 Adaboost 结构

Adaboost 算法主要是在整个训练集上维护一个分布权值向量,用赋予权重的训练集产生弱分类器,然后计算这个弱分类器的错误率,用这个错误率去更新分布权值向量,对错误分类的样本分配更大的权值,正确分类的样本赋予更小的权值,每次更新后用相同的弱分类算法产生新的分类假设,这些分类假设的序列构成多分类器。最终对这些多分类器用加权的方法进行联合,就可以得到决策结果,这种方法的好处在于不要求单个分类器有较高的识别率,即不要求寻找识别率很高的基分类算法。

6.2.2 Adaboost 实现过程

那么如何得到最终的 α 值? 下面来阐述这个算法的具体过程。

假设现在一共有 M 个弱分类器,N 个训练样例,每一个训练样例 X_n 的正确分类结果为 t_n,$y_m(x_n)$代表训练样例 x_n 在 y_m 弱分类器下的预测结果。

(1) 对于每一个训练样例 i,首先初始化它的权重为$\frac{1}{N}$,即 $w_{m,i}=\frac{1}{N}$。

(2) 对于每一个弱分类器 m,从第一个开始重复执行以下步骤。

① 计算误差函数:

$$\varepsilon_m = \sum_{n=1}^{N} w_{m,n} I(y_m(x_n) \neq t_n)$$

这个公式的含义即为,对于当前 y_m 这个弱分类器,遍历所有的训练样例,若在 y_m 下的预测结果与真实结果不一致,该分类器的总误差增加,刚开始时每一个样例的误差权重都是相同的,但随着算法的不断演进,误差权重也会随之改变。

② 计算该弱分类器的话语权 α：

$$\alpha_m = \ln\left\{\frac{1-\varepsilon_m}{\varepsilon_m}\right\}$$

更新权重：

$$w_{m+1,i} = \frac{w_{m,i}}{Z_m} e^{-\alpha_m t_i y_m(x_i)}, \quad i = 1,2,\cdots,N$$

(3) 现在，针对每一个弱分类器，我们都得到了与其相对应的话语权 α，用这个就可以更加合理地整合弱分类器从而成为一个强分类器。

$$Y_M(x) = \text{sign}\left(\sum_{m=1}^{M} \alpha_m y_m(x)\right)$$

6.2.3 Adaboost 总结

Adaboost 算法是一种实现简单，应用也很简单的算法。Adaboost 算法通过组合弱分类器而得到强分类器，同时具有分类错误率上界随着训练增加而稳定下降，不会过拟合等性质，应该说是一种很适合于在各种分类场景下应用的算法。

6.3 随机森林算法应用举例

人脸识别技术想必读者都很熟悉，使用随机森林算法同样可以用于人脸识别，下面来看一看具体的实现过程，希望读者能对随机森林这种算法有更深入的了解。

人脸识别中，系统的输入通常是人脸图像，特征维数通常比较高，而研究发现在低维空间中解析或计算可行的方法，在高维空间中不一定能够获得好的效果，所以在使用随机森林算法前很重要的一项工作就是对数据进行降维和特征提取。目前，主成分分析、线性鉴别分析、非负因子分解、局部线性嵌入、等距映射等技术都是人脸识别中维数约简的基本方法。但降维并不是我们所关注的重点，不论使用了哪一种方法，假设现在我们已经从高维空间中提取了需要的特征。

特征提取完成之后，分类器的选择成为建立有效人脸识别的又一个关键步骤，常用的人脸识别分类方法有：K-临近规则、贝叶斯分类器、人工神经网络、Adaboost 和支持向量机(SVM)等。研究发现，使用单一的分类器在大多数情况下并不能得到稳定的高泛化的分类能力，而基于多个分类器的集成学习表现出较强的鲁棒性，现在，随机森林这种具有良好的分类性能和集成学习特点的分类器就可以成为一个很好的选择。我们可以用上面提取得到的特征作为每棵决策树的候选属性，每次从中抽取 p 个属性作为这个森林中每一棵决策树节点分裂的候选属性来建立起这样一个随机森林。最后实验也证明了随机森林这种方法在人脸识别中可以达到几乎和 SVM 相同高的识别率，但是随机森林在训练过程中花费的时间更短，可以说，综合考虑识别效率和训练时间，在人脸识别方面，目前主流的分类器中随机森林分类器的效率更高。

除了人脸识别，更贴近人们生活的还有很多例子，例如一般银行在贷款之前都需要对客户的还款能力进行评估，但如果客户数据量比较庞大，信贷审核人员的压力会非常大，此时常常会希望通过计算机来进行辅助决策。随机森林算法可以在该场景下使用，我们可以将原有的历史数据输入到随机森林算法当中进行数据训练，利用训练后得到的模型对新的客户数据进行分类，这样便可以过滤掉大量的无还款能力的客户，如此便能极大地减少信贷审核人员的工作量。

6.3.1　MATLAB 中随机森林算法

MATLAB 这个强大的工具已经给我们封装好了随机森林算法，如果你的计算机上安装了 MATLAB，准备好训练和测试数据，调用下面的函数，就可以自己快速地训练出一个森林用来预测。

```
Factor = TreeBagger(nTree, train_data, train_label);
[Predict_label,Scores] = predict(Factor, test_data);
```

6.3.2　操作实例 1：基于集成方法的 IRIS 数据集分类

MATLAB 自带非常便于使用的集成方法工具箱，但为了更好地向读者说明 Adaboost 方法的步骤，我们也手动实现了 mh 方法的 Adaboost，展示结果以方便读者了解。

1. 数据集选择

1）名称：IRIS 数据集

IRIS 也称鸢尾花卉数据集，是一类多重变量分析的数据集。数据集包含 150 个数据集，分为 3 类，每类 50 个数据，每个数据包含 4 个属性。

2）属性

Sepal. Length（花萼长度），单位是 cm；

Sepal. Width（花萼宽度），单位是 cm；

Petal. Length（花瓣长度），单位是 cm；

Petal. Width（花瓣宽度），单位是 cm。

3）类别

Iris Setosa（山鸢尾）

Iris Versicolour（杂色鸢尾）

Iris Virginica（维吉尼亚鸢尾）

2. 数据预处理

数据标准化：

由于原始数据中属性值的取值范围不一，尤其对于数值性属性，如果该属性的属性值较其他属性大，那么在分类器中（尤其 SVM 中）可能会给这个属性更高的权重，这样就错误地区别了属性的重要程度。数据标准差把所有属性值映射到$-1\sim1$，消除了由于属性值取值范围带来的影响，平等对待所有属性。

该数据集的属性为花萼长度和宽度、花瓣的长度和宽度，我们首先对这 4 个属性的属性值做了标准化。

实验发现，标准化后，训练的效率明显提高。

3. 算法介绍

本次作业中，我们实现的算法是使用 Hamming Loss 的多分类 Adaboost 算法，即 Adaboost. MH。

Adaboost. MH 算法主要思路：组合的弱分类器仍为二分类器。对于每个类别做二分类，即如果一个样本属于该类别则为 1，如果不属于则为-1。假设有 m 个样本，k 个类别，将样本与类别组合，这样对每个类别（是/不是）都有 m 个样本，然后对每个类别训练二分类的弱分类器，最后根据整体的分类准确率来分配新的权重。

具体过程如下所示。

Given: $(x_1, Y_1), \cdots, (x_m, Y_m)$ where $x_i \in X, Y_i \subseteq y$
Initialize $D_1(i, l) = 1/(mk)$
For $t = 1, \cdots, T$:

- Train weak learner using distribution D_t
- Get weak hypothesis $h_t: X \times y \to R$
- Choose $\alpha_t \in R$
- Update:

$$D_{t+1}(i,l) = \frac{D_t(i,l)\exp(-\alpha_t Y_i[l]h_t(x_i,l))}{Z_t}$$

Where Z_t is a normalization factor(chosen so that D_{t+1} will be a distribution). Output the final hypothesis:

$$H(x,l) = \mathrm{sigh}\left(\sum_{t=1}^{T}\alpha_t h_t(x,l)\right)$$

给定 m 个样本，样本 x_i 的类别标签集合为 Y_i（可以是 multi-label）。

首先初始化每个样本每个类别的权重为$\frac{1}{m_k}$。

在第 t 轮迭代中，对每个类别，在 m 个样本上训练弱分类器，共得到 k 个弱分类器。对于样本 x_i，关于类别 l 的分类结果为：$h_t(x_i, l)$。

另外：

$$Y[l] = \begin{cases} +1, & l \in Y \\ -1, & l \notin Y \end{cases}$$

可得：如果分类正确 $Y_i[l]$，$h_t(x_i,l)$ 为 1，否则为 -1。

$$r_t = \sum_{i,l} D_t(i,l) Y_i[l] h_t(x_i,l)$$

r_t 表示第 t 轮分类结果的准确性，如果全部分类正确，那么 $r_t=1$，分类错误的样本越多，r_t 越小。

第 t 轮弱分类器的权重：

$$\alpha_t = \frac{1}{2}\text{In}\left(\frac{1+r_t}{1-r_t}\right)$$

之后进一步更新样本权重：

$$D_{t+1}(i,l) = \frac{D_t(i,l)\exp(-\alpha_t Y_i[l] h_t(x_i,l))}{Z_t}$$

$$Z_t = \sum_{i,l} D_t(i,l)\exp(-\alpha_t Y_i[l] h_t(x_i,l)) = -\sqrt{1-r_t^2}$$

Z_t 用于权重的归一化。

T 轮之后，对于每个类别都有 T 个弱分类器。样本 x 关于类别 l 的分类结果为：

$$H(x,l) = \text{sign}\left(\sum_{t=1}^{T} \alpha_t h_t(x,l)\right)$$

这样对于每个类别，都能预测样本 x 是否是该类别，这样既能做到多分类，又能满足 multi-label。

对于 single-label 的多分类，只需修改初始的权重如下。

$$D(i,l) = \begin{cases} \dfrac{1}{2m}, & l = y_i \\ \dfrac{1}{2m(k-1)}, & l \neq y_i \end{cases}$$

即初始情况下，对于正确的类别给予更高的权重。

实现：

实现中需要注意的是，虽然看起来每个类别单独训练弱分类器，但是在每一轮更新权重时是综合考虑多个类别的分类结果的，并且同一轮不同类别的若干分类器共享同一个 α_t。

r_t 表示第 t 轮分类结果的准确性，如果全部分类正确，那么 $r_t=1$。但在实现中，由于浮点数精度问题，会出现 $r_t>1$ 的情况，遇到这种情况时，我们认为已经没有误分类的样本了，即退出循环。

4. 实验表现

首先我们随机选取了 20%的数据作为测试集，剩余 80%数据用作训练。

为了对比，我们共使用了以下三种算法。

(1) AdaBoost. MH(自己实现)；

(2) AdaBoost. M2(MATLAB)；

(3) Naïve 决策树。

1）AdaBoost. M2

AdaBoost. M2 相比于二分类的 Adaboost 算法，只是在权值分布上做了调整。

（1）算法流程

① 获得一组样本（X）、它的分类（Y）和一个分类器（weaklearn）；

② 对于某个样本 X_i，将它的分类归为一个正确分类 Y_i 和其他不正确分类 Y_b；

③ 样本权值进行如下分布：首先每个样本分到$\frac{1}{m}$的权值，然后每个不正确分类分到$\left(\frac{1}{m}\right)/Y_b$ 的个数，也就是说样本权值是分到了每个不正确的分类上。

（2）进入循环

① 求每个样本的权值，即每个样本所有不正确的分类的权值和，再求每个样本错误分类的权值，即不正确分类的权值除以该样本的权值，最后将每个样本的权值归一化；

② 将样本权值和某样本的不正确分类的权值输入到 weaklearn，获得弱分类器的输出为各个分类的可能值；

③ 计算伪错误率；

④ 更新权值；

⑤ 退出循环。

2）算法结果

（1）准确率见表 6.1。

表 6.1　算法结果

算法	AdaBoost. MH	AdaBoost. M2	Naïve 决策树
分类准确率	0.9677	0.9677	0.9355

（2）查准率见图 6.4。

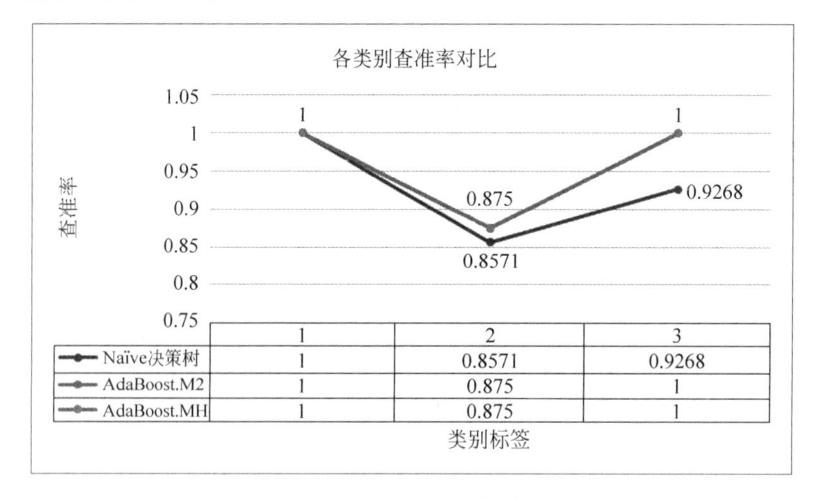

图 6.4　各类别查准率对比

(3) 查全率见图 6.5。

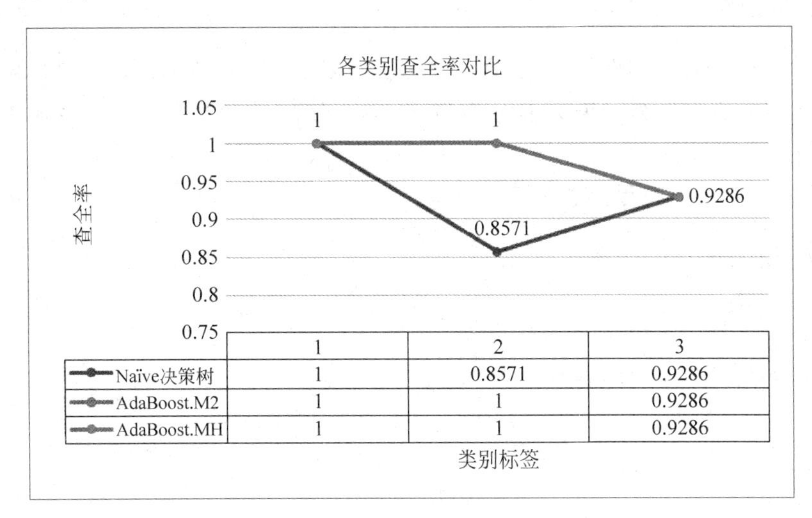

	1	2	3
Naïve决策树	1	0.8571	0.9286
AdaBoost.M2	1	1	0.9286
AdaBoost.MH	1	1	0.9286

图 6.5 各类别查全率对比

AdaBoost.MH 学习过程如图 6.6 所示。

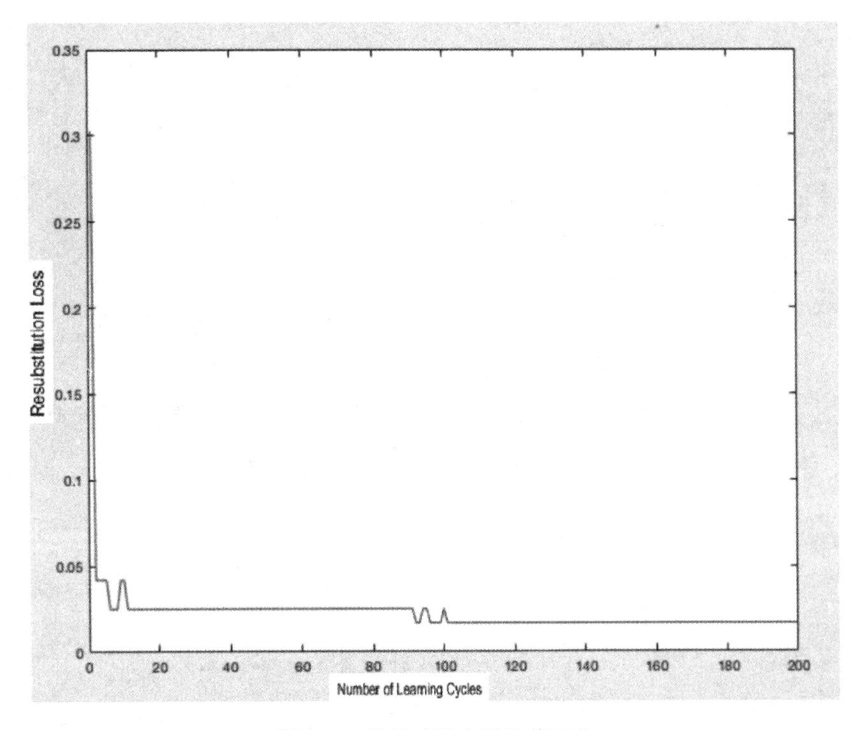

图 6.6 学习过程中损失值变化

随着学习轮数的增加,整体上损失逐渐下降。

5. 经验总结

AdaBoost. MH 处理多分类的思想是把多分类任务转化成二分类任务，AdaBoost. M2 的弱分类器仍为多分类器，在本次使用的数据集上，两种算法表现一致，都优于 Naïve 决策树。

工程实现中要注意浮点数精度。

6. 代码附录

```
M = length(trainlabel);
K = length(unique(trainlabel));

T = 200; % max number of weak learners
D = zeros(M, K); % initialize weights
D(:, :) = 1 / (M * K); % initialize weights

alpha = zeros(T, 1); % initialize alpha

for t = 1 : T % train weak learners
    r = 0;
    Y = zeros(M, K);
    h = zeros(M, K);
    for l = 1 : K
        Y(:, l) = zeros(M, 1);
        Y(trainlabel == l, l) = 1;
        Y(Y(:, l) == 0, l) = -1;
        ctree{t, l} = fitctree(traindata, Y(:, l), 'Weights', D(:, l)); % weak learners

        h(:, l) = predict(ctree{t, l}, traindata); % predict result of weak learner

        r = r + sum(D(:, l) .* Y(:, l) .* h(:, l));
    end
    if r >= 1
        break;
    end
    alpha(t) = 0.5 * log((1 + r) / (1 - r)); % calculate alpha
    Z = sqrt(1 - r^2); % normalize factor

    D = D .* exp(-alpha(t) * Y .* h) ./ Z; % update weights

end
```

```
fprintf('Train Stop at %d\n', t);
T = t;
H = zeros(length(testlabel), K);
for l = 1 : K % final strong learner
    for t = 1 : T
        H(:, l) = H(:, l) + alpha(t) * predict(ctree{t, l}, testdata);
    end
end
clear l;
H = sign(H);
predictlabel = zeros(length(testlabel), 1);
for i = 1 : length(testlabel)
    tmp = find(H(i, :) == max(H(i, :)));
    if length(tmp) == 1
        predictlabel(i) = tmp;
    end
end
clear i tmp;

accuracy = sum(predictlabel == testlabel) / length(testlabel);

ctree_naive = fitctree(traindata, trainlabel);
predict_label_ctree = predict(ctree_naive, testdata);
accuracy_naive = sum(predict_label_ctree == testlabel) / length(testlabel);

ClassTreeEns_M2 = fitensemble(traindata, trainlabel, 'AdaBoostM2', T, 'Tree');
rsLoss = resubLoss(ClassTreeEns_M2,'Mode','Cumulative');
plot(rsLoss);
predict_test_M2 = predict(ClassTreeEns_M2, testdata);
accuracy_test_M2 = sum(predict_test_M2 == testlabel) / length(testlabel);
```

6.3.3 操作实例 2:基于 ensemble 方法的人脸识别

本节使用 lfw 数据集,进一步为读者展示使用 MATLAB 自带的 ensemble 工具进行人脸识别的 pipeline。

具体任务为从给定的图片中学习不同人脸照片的特征,并且能够将给定图片分类。当前应用最广泛的图片识别方法为 CNN,CNN 可以自提取图片特征,且性能明显超过传统方法。CNN 的使用将在深度学习章节介绍,本章实验操作部分给出基于传统特征的分类方法。针对人脸识别的传统特征,可以利用 CNN 自动进行特征提取,或计算专家经验特征 hog、SURF(bag of visual words)等。但数据集巨大时,计算时间均非常长,若需要计算高级别复杂的特征需要服务器支持。

由于本实验仅为说明性实验，因此并未划分训练数据集与测试数据集，且仅采用hog特征值。

1. 算法步骤

步骤1：读入原始数据。

步骤2：如图6.7所示，进行人脸识别预处理，从原图中识别出人脸略去背景信息。

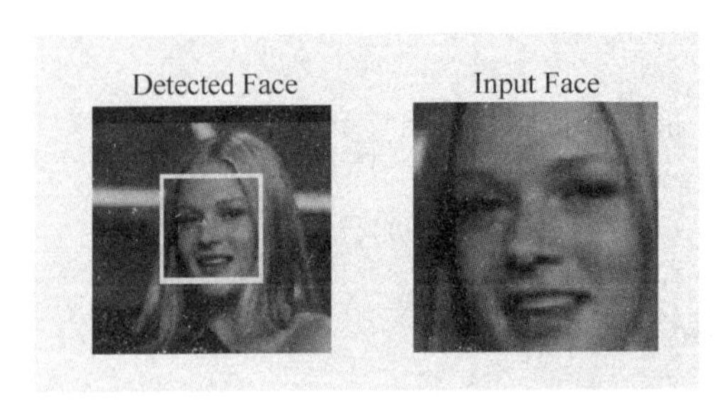

图6.7　人脸识别预处理

步骤3：如图6.8所示，提取hog特征。

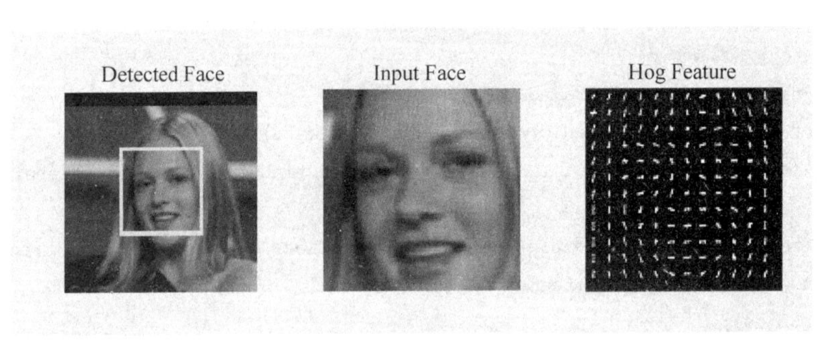

图6.8　提取hog特征

步骤4：使用MATLAB自带的集成方法训练分类器，得到结果如图6.9所示。

```
>> Mdl = fitcensemble(hogFeature, imds.Labels, 'NPrint', 1, 'Learners', 'knn');
Training Subspace...
Grown weak learners: 1
Grown weak learners: 2
Grown weak learners: 3
Grown weak learners: 4
Grown weak learners: 5
Grown weak learners: 6
Grown weak learners: 7
Grown weak learners: 8
Grown weak learners: 9
Grown weak learners: 10
Grown weak learners: 11
Grown weak learners: 12
Grown weak learners: 13
Grown weak learners: 14
Grown weak learners: 15
Grown weak learners: 16
Grown weak learners: 17
```

图6.9　MATLAB训练结果展示

步骤 5：预测结果。

2. 代码附录

```
%% Face Recognition
close all; clear; clc;

%% Load Image Face Database
imds = imageDatastore('data/lfw', 'IncludeSubfolders',true, 'LabelSource', 'foldernames');
m = size(imds.Labels, 1);
tbl = countEachLabel(imds);
c = size(tbl, 1);

%% Extract and display Histogram
hogFeature = zeros(m, 4356);
imresizeFactor = 100;

faceDetector = vision.CascadeObjectDetector('FrontalFaceCART');

figure;
queryFace = readimage(imds, 1);
bbox = step(faceDetector, queryFace);
queryFaceDetected = insertShape(queryFace, 'Rectangle', bbox, 'LineWidth', 5);
subplot(1, 3, 1); imshow(queryFaceDetected); title('Detected face');
queryFace = imcrop(queryFace, bbox);
queryFace = imresize(queryFace, imresizeFactor / size(queryFace, 1));
subplot(1, 3, 2); imshow(queryFace); title('Input Face');
[tmp, visualization] = extractHOGFeatures(queryFace);
subplot(1, 3, 3);plot(visualization);title('HoG Feature');

%% Extract HOG Features for all training set
% hogFeature = importdata('hogFeature.mat');
parfor i = 1 : m
    queryFace = readimage(trainingSet, i);
    bbox = step(faceDetector, queryFace);
    if isempty(bbox)
        bbox = [72 72 106 106];
    end
    queryFace = imcrop(queryFace, bbox(1,:));
    queryFace = imresize(queryFace, imresizeFactor / size(queryFace, 1));
    hogFeature(i, :) = extractHOGFeatures(queryFace);
end
```

```
% % Train the ensemble classifier
Mdl = fitcensemble(hogFeature, imds.Labels, 'NPrint', 1, 'Learners', 'knn');

% % Predict
predictRes = predict(Mdl, hogFeature);
% predictRes = importdata('predictRes_trainWithAll.mat');

% % Evaluate
accuracy_total = sum(predictRes == imds.Labels) / m;

TP = zeros(c, 1);
FP = zeros(c, 1);
TN = zeros(c, 1);
FN = zeros(c, 1);
precision = zeros(c, 1);
recall = zeros(c, 1);
accuracy = zeros(c, 1);

parfor i = 1 : c
    name = tbl{i, 1};
    TP(i) = sum( (imds.Labels == name) & (predictRes == name) );
    FP(i) = sum( (imds.Labels ~ = name) & (predictRes == name) );
    TN(i) = sum( (imds.Labels ~ = name) & (predictRes ~ = name) );
    FN(i) = sum( (imds.Labels == name) & (predictRes ~ = name) );
    precision(i) = TP(i) / ( TP(i) + FP(i) );
    recall(i) = TP(i) / ( TP(i) + FN(i) );
    accuracy(i) = ( TP(i) + TN(i) ) / ( TP(i) + TN(i) + FP(i) + FN(i) );
end

figure;
subplot(3, 1, 1); plot(precision); title('Precision');
subplot(3, 1, 2); plot(recall); title('Recall');
subplot(3, 1, 3); plot(accuracy); title('Accuracy');

find(precision ~ = 1)
find(recall ~ = 1)
find(accuracy ~ = 1)
```

习题

1. 使用你熟悉的语言如 C++、Java 等构造出一个随机森林。
2. 使用 Adaboost 对决策过程进行优化。

3. 下载 ORL 人脸识别数据库(一共 40 个人,每一个人有 10 张照片),使用你构造出来的随机森林对人脸库进行人脸识别(每个人的第 4 张和第 8 张照片作为测试集,其余为训练集),其中人脸识别的特征提取算法可以选择使用 PCA/Hog/LBP 等。

4. 请思考,在决策树的构造过程中,为了防止过拟合,会有剪枝策略的使用,但在随机森林中,是不需要进行剪枝的,这是为什么?

第7章

神经网络基础

人工智能的研究者为了模拟人类的认知(Cognition),提出了不同的模型。人工神经网络(Artificial Neural Network, ANN)是人工智能中非常重要的一个学派——连接主义(Connectionism)最为广泛使用的模型。

基于规则的符号主义(Symbolism)学派认为,人类的认知是基于信息中的模式;而这些模式可以被表示成为符号,并可以通过操作这些符号,显式地使用逻辑规则进行计算与推理。但是要用数理逻辑模拟人类的认知能力却是一件困难的事情,因为人类大脑是一个非常复杂的系统,拥有着大规模并行式、分布式的表示与计算能力、学习能力、抽象能力和适应能力。

而基于统计的连接主义的模型则从脑神经科学中获得启发,试图将认知所需的功能属性结合到模型中来,通过模拟生物神经网络的信息处理方式来构建具有认知功能的模型。类似于生物神经元与神经网络,这类模型具有以下三个特点。

(1) 拥有处理信号的基础单元;

(2) 处理单元之间以并行方式连接;

(3) 处理单元之间的连接是有权重的。

这一类模型被称为人工神经网络。

7.1 基础概念

神经元: 神经元(如图 7.1 所示)是基本的信息操作和处理单位。它接收一组输入,将这组输入加权求和后,由激活函数来计算该神经元的输出。

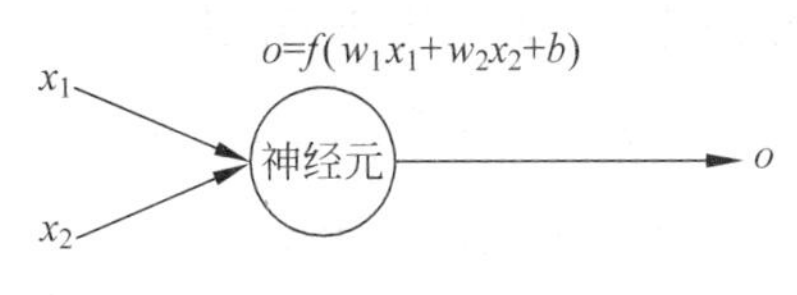

图 7.1　神经元

输入：一个神经元可以接收一组张量作为输入 $x=\{x_1,x_2,\cdots,x_n\}^{\mathrm{T}}$。

连接权值：连接权值向量为一组张量 $W=\{w_1,w_2,\cdots,w_n\}$，其中，w_i 对应输入 x_i 的连接权值；神经元将输入进行加权求和：

$$\text{sum}=\sum_i w_i x_i$$

写成向量形式：

$$\text{sum}=\boldsymbol{Wx}$$

偏置：有时候加权求和时会加上一项常数项 b 作为偏置；其中，张量 b 的形状要与 $\boldsymbol{Wx}$ 的形状保持一致。

$$\text{sum}=\boldsymbol{Wx}+b$$

激活函数：激活函数 $f(\cdot)$ 被施加到输入加权和 sum 上，产生神经元的输出；这里，若 sum 为大于 1 阶的张量，则 $f(\cdot)$ 被施加到 sum 的每一个元素上

$$\text{o}=f(\text{sum})$$

常用的激活函数有：

(1) SoftMax(如图 7.2 所示)。适用于多元分类问题，作用是将分别代表 n 个类的 n 个标量归一化，得到这 n 个类的概率分布。

$$\text{softmax}(x_i)=\frac{\exp(x_i)}{\sum_j \exp(x_j)}$$

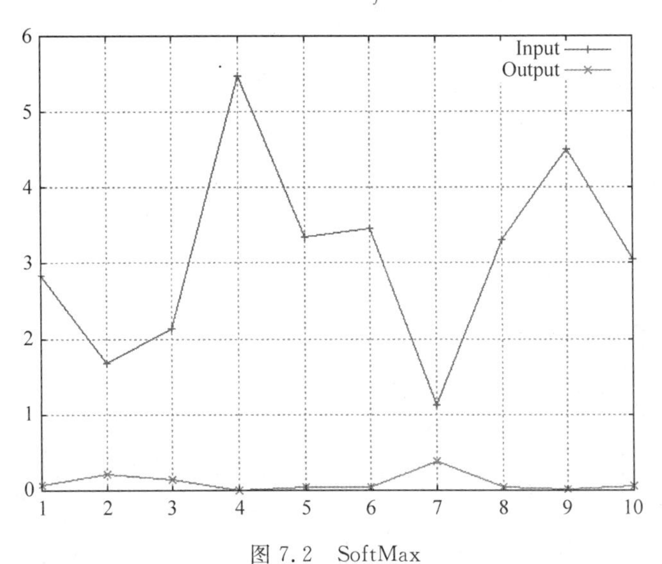

图 7.2　SoftMax

(图片来源：https://github.com/torch/nn/blob/master/doc/transfer.md)

(2) Sigmoid(如图 7.3 所示)。通常为 Logistic 函数,适用于二元分类问题,是 SoftMax 的二元版本。

$$\sigma(x)=\frac{1}{1+\exp(-x)}$$

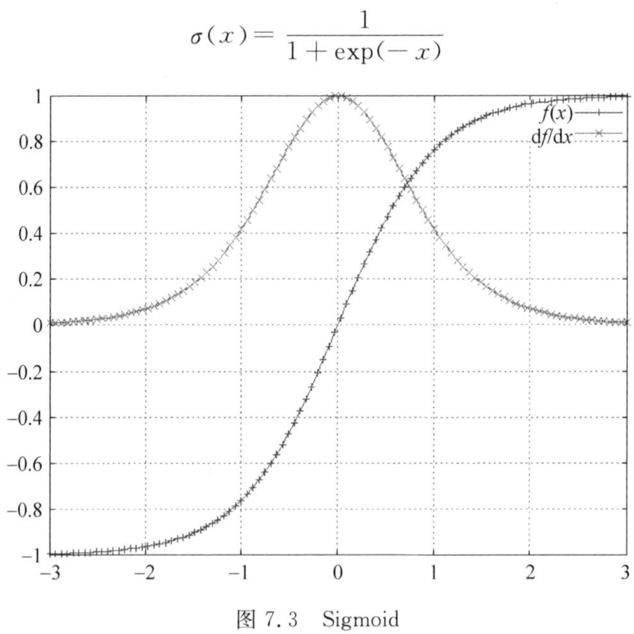

图 7.3 Sigmoid

(图片来源: https://github.com/torch/nn/blob/master/doc/transfer.md)

(3) Tanh(如图 7.4 所示)。为 Logistic 函数的变体。

$$\tanh(x)=\frac{2\sigma(x)-1}{2\sigma^2(x)-2\sigma(x)+1}$$

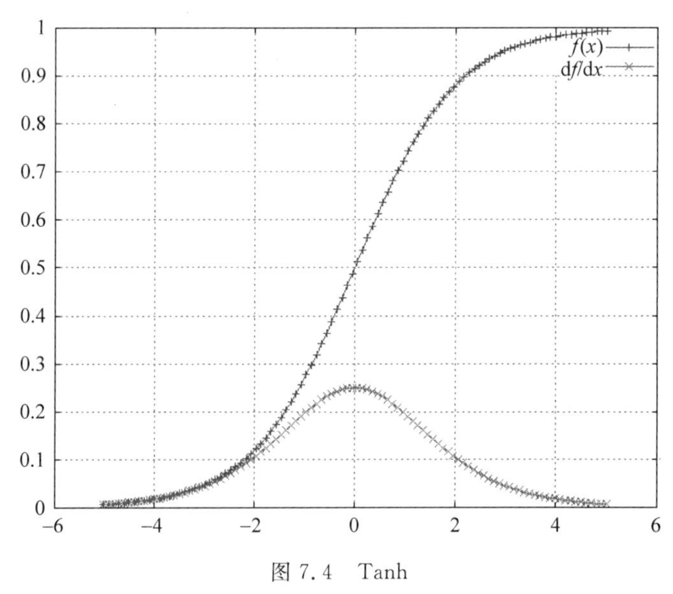

图 7.4 Tanh

(图片来源: https://github.com/torch/nn/blob/master/doc/transfer.md)

(4) ReLU(如图 7.5 所示)。即修正线性单元(Rectified Linear Unit)。根据公式,ReLU 具备引导适度稀疏的能力,因为随机初始化的网络只有一半处于激活状态;并且不会像 Sigmoid 那样出现梯度消失的问题。

$$\mathrm{ReLU}(x)=\max(0,x)$$

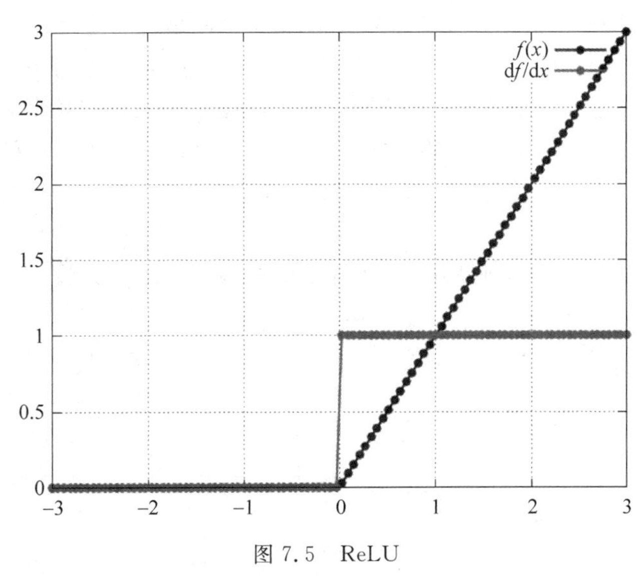

图 7.5　ReLU

(图片来源:https://github.com/torch/nn/blob/master/doc/transfer.md)

输出:激活函数的输出 o 即为神经元的输出。一个神经元可以有多个输出 o_1, o_2,…,o_m,对应于不同的激活函数 f_1,f_2,…,f_m。

神经网络:神经网络是一个有向图,以神经元为顶点,神经元的输入为顶点的入边,神经元的输出为顶点的出边。因此神经网络实际上是一个计算图,直观地展示了一系列对数据进行计算操作的过程。

神经网络是一个端到端(End-to-End)的系统,这个系统接收一定形式的数据作为输入,经过系统内的一系列计算操作后,给出一定形式的数据作为输出;由于神经网络内部进行的各种操作与中间计算结果的意义通常难以进行直观的解释,系统内的运算可以被视为一个黑箱子,这与人类的认知在一定程度上具有相似性:人类总是可以接收外界的信息(视、听),并向外界输出一些信息(言、行),而医学界对信息输入到大脑之后是如何进行处理的则知之甚少。

通常地,为了直观起见,人们对神经网络中的各顶点进行了层次划分,如图 7.6 所示。

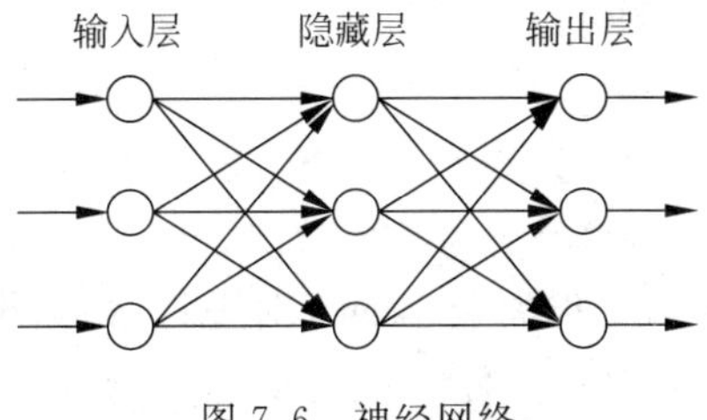

图 7.6　神经网络

（1）输入层：接收来自网络外部的数据的顶点，组成输入层。

（2）输出层：向网络外部输出数据的顶点，组成输出层。

（3）隐藏层：除了输入层和输出层以外的其他层，均为隐藏层。

训练：神经网络被预定义的部分是计算操作，而要使得输入数据通过这些操作之后得到预期的输出，则需要根据一些实际的例子，对神经网络内部的参数进行调整与修正；这个调整与修正内部参数的过程称为训练，训练中使用的实际的例子称为**训练样例**。

监督训练：在监督训练中，训练样本包含神经网络的输入与预期输出；在监督训练中，对于一个训练样本$\langle X,Y\rangle$，将X输入神经网络，得到输出Y'；我们通过一定的标准计算Y'与Y之间的**训练误差**，并将这种误差反馈给神经网络，以便神经网络调整连接权重及偏置。

非监督训练：在非监督训练中，训练样本仅包含神经网络的输入。

7.2 感知机

感知机的概念由 Rosenblatt Frank 在 1957 年提出，是一种监督训练的二元分类器。

7.2.1 单层感知机

考虑一个只包含一个神经元的神经网络。这个神经元有两个输入x_1,x_2，权值为w_1,w_2。其激活函数为符号函数

$$f(x)=\operatorname{sgn}(x)=\begin{cases}-1, & x<0\\ 1, & x\geqslant 0\end{cases}$$

根据**感知机训练算法**，在训练过程中，若实际输出的激活状态o与预期输出的激活状态y不一致，则权值按以下方式更新：

$$w'\leftarrow w+\alpha\cdot(y-o)\cdot x$$

其中，w'为更新后的权值，w为原权值，y为预期输出，x为输入；α称为**学习率**，学习率可以为固定值，也可以在训练中适应地调整。

例如，设定学习率$\alpha=0.01$，把权值初始化为$w_1=-0.2,w_2=0.3$，若有训练样例$x_1=5,x_2=2;y=1$，则实际输出与期望输出不一致。

$$o=\operatorname{sgn}(-0.2\times 5+0.3\times 2)=-1$$

因此对权值进行调整：

$$w_1=-0.2+0.01\times 2\times 5=-0.1$$

$$w_2=0.3+0.01\times 2\times 2=0.34$$

直观上来说，权值更新向着损失减小的方向进行，即网络的实际输出o越来越接近预期的输出y，在这个例子中我们看到，经过以上一次权值更新之后，这个样例输入

的实际输出 $o=\text{sgn}(-0.1\times5+0.34\times2)=1$，已经与正确的输出一致。

我们只需要对所有的训练样例重复以上的步骤，直到所有样本都得到正确的输出即可。

7.2.2 多层感知机

7.2.1 节中的单层感知机可以拟合一个超平面 $y=ax_1+bx_2$，适合于线性可分的问题，而对于线性不可分的问题则无能为力。考虑异或函数作为激活函数的情况：

$$f(x_1,x_2)=\begin{cases}0, & x_1=x_2\\1, & x_1\neq x_2\end{cases}$$

异或函数需要两个超平面才能进行划分。由于单层感知机无法克服线性不可分的问题，人们又引入了多层感知机(如图 7.7 所示)，实现了异或运算。

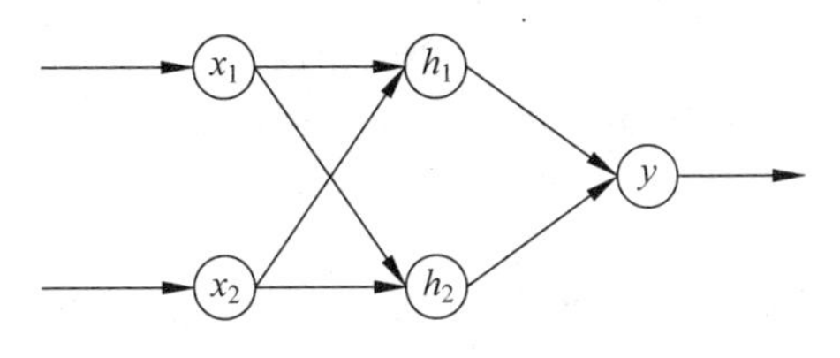

图 7.7 多层感知机

图 7.7 中的隐藏层神经元 h_1，h_2 相当于两个感知机，分别构造两个超平面中的一个。

7.3 BP 神经网络

在多层感知机被引入的同时，也引入了一个新的问题：由于隐藏层的预期输出并没有在训练样例中给出，隐藏层节点的误差无法像单层感知机那样直接计算得到。为了解决这个问题，**后向传播**(BackPropagation, BP)算法被引入，其核心思想是将误差由输出层向前层后向传播，利用后一层的误差来估计前一层的误差。后向传播算法由 Henry J. Kelley 在 1960 年和 Arthur E. Bryson 在 1961 年分别提出。使用后向传播算法训练的网络称为 BP 神经网络。

7.3.1 梯度下降

为了使得误差可以后向传播，梯度下降的算法被采用，其思想是在权值空间中朝着误差最速下降的方向搜索，找到局部的最小值(如图 7.8 所示)。

$$w\leftarrow w+\Delta w$$

$$\Delta w = -\alpha\, \nabla \text{Loss}(w) = -\alpha\, \frac{\partial \text{Loss}}{\partial w}$$

其中，w 为权值，α 为学习率，Loss(•)为**损失函数**。损失函数的作用是计算实际输出与期望输出之间的误差。

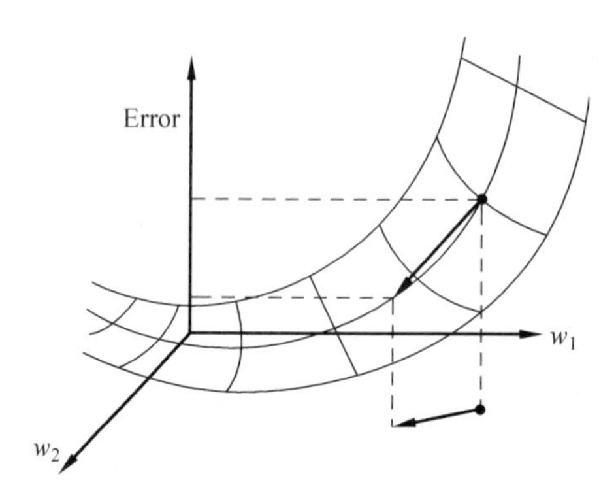

图 7.8　梯度下降

（图片来源：http://pages.cs.wisc.edu/~dpage/cs760/ANNs.pdf）

常用的损失函数有：

（1）平均平方误差(Mean Squared Error，MSE)，实际输出为 o_i，预期输出为 y_i。

$$\text{Loss}(o,y) = \frac{1}{n}\sum_{i=1}^{n} |o_i - y_i|^2$$

（2）交叉熵(Cross Entropy，CE)。

$$\text{Loss}(x_i) = -\log\left(\frac{\exp(x_i)}{\sum_j \exp(x_j)}\right)$$

由于求偏导需要激活函数是连续的，而符号函数不满足连续的要求，因此通常使用连续可微的函数，如 Sigmoid 作为激活函数。特别地，Sigmoid 具有良好的求导性质：

$$\sigma' = \sigma(1-\sigma)$$

使得计算偏导时较为方便，因此被广泛应用。

7.3.2　后向传播

使得误差后向传播的关键在于利用求偏导的链式法则。我们知道，神经网络是直观展示的一系列计算操作，每个节点可以用一个函数 $f_i(\cdot)$来表示。

如图 7.9 所示的神经网络则可表达为一个以 $w_1,\cdots,w_6$ 为参量，$i_1,\cdots,i_4$ 为变量的函数：

$$o = f_3(w_6 \cdot f_2(w_5 \cdot f_1(w_1 \cdot i_1 + w_2 \cdot i_2) + w_3 \cdot i_3) + w_4 \cdot i_4)$$

在梯度下降中，为了求得 Δw_k，我们需要用链式规则去求$\frac{\partial \text{Loss}}{\partial w_k}$。

例如，求$\frac{\partial \text{Loss}}{\partial w_1}$：

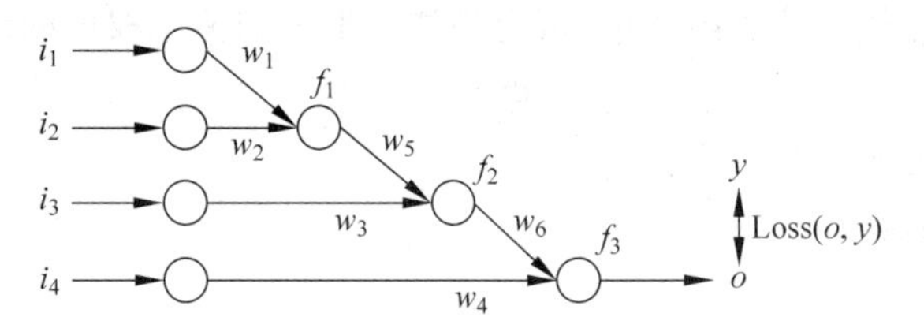

图 7.9　链式法则与后向传播

$$\frac{\partial \text{Loss}}{\partial w_1}=\frac{\partial \text{Loss}}{\partial f_3}\cdot\frac{\partial f_3}{\partial f_2}\cdot\frac{\partial f_2}{\partial f_1}\cdot\frac{\partial f_1}{\partial w_1}$$

通过这种方式,误差得以后向传播到并用于更新每一个连接权值,使得神经网络在整体上逼近损失函数的局部最小值,从而达到训练目的。

7.4　径向基函数网络

前面所述的神经网络都是由一层或多层感知机通过不同方式连接组成的,每个感知机拟合一个超平面,就可以对一些模式进行分类。如果我们尝试使用超曲面来分离不同的模式,那么就需要采取某种方法来得到这样的超曲面的最佳逼近。

7.4.1　精确插值与径向基函数

我们的目标是找到一个可以分离不同模式的函数 $f(\cdot)$,这个函数是一个超曲面。我们在高维空间进行多变量的精确插值,使得该曲面通过所有 N 个训练样本点 $\langle x_i, y_i\rangle$,即

$$F(x^i)=y^i,\quad i=1,\cdots,N$$

径向基函数插值法就是这样的一种精确插值法,得到的插值函数经过每一个样本点并且曲面表面的总曲率最小。具体做法是选取 N 个基函数 $\phi_i(\|x-x^i\|)$,每个基函数对应一个训练样本 $\langle x_i, y_i\rangle$。将这 N 个基函数进行线性组合,得到插值函数

$$F(x)=\sum_{i=1}^{N} w_i\phi_i(\|x-x^i\|)$$

其中,$\|x-x_i\|$为 2-范数,具有径向同性的性质,因此这些基函数被称为径向基函数。可以通过适当选取各基函数的权值 $w_1,\cdots,w_N$ 来使得插值函数 $F(x)$ 通过每一个样本点。可以通过解线性方程组的办法来确定权值。令

$$\boldsymbol{w}=(w_1,\cdots,w_N)^{\mathrm{T}}$$

$$\boldsymbol{Y}=(y^1,\cdots,y^N)^{\mathrm{T}}$$

$$\boldsymbol{\Phi}=\begin{bmatrix}\phi_1(\|x^1-x^1\|) & \cdots & \phi_N(\|x^1-x^N\|)\\ \vdots & \ddots & \vdots\\ \phi_1(\|x^N-x^1\|) & \cdots & \phi_N(\|x^N-x^N\|)\end{bmatrix}$$

将训练样本点代入插值函数中,可得到如下形式的关于权值的线性方程组:

$$\boldsymbol{\Phi w} = \boldsymbol{Y}$$

可以解出权值 $\boldsymbol{w}=\boldsymbol{\Phi}^{-1}\boldsymbol{Y}$。

常用的基函数有:

(1) 高斯函数

$$\phi(r) = \exp\left(-\frac{r^2}{2\sigma^2}\right), \quad \sigma > 0$$

(2) 多面函数

$$\phi(r) = (r^2 + \sigma^2)^{\frac{1}{2}}, \quad \sigma > 0$$

(3) 逆多面函数

$$\phi(r) = (r^2 + \sigma^2)^{-\frac{1}{2}}, \quad \sigma > 0$$

(4) 薄板样条函数

$$\phi(r) = r^2 \ln(r)$$

(5) 三次函数

$$\phi(r) = r^3$$

(6) 线性函数

$$\phi(r) = r$$

此处不详细讨论各类基函数的性质,以下所使用的基函数如无特殊说明均采用高斯函数,即

$$\phi_i(x) = \exp\left(-\frac{\| x - \mu_i \|^2}{2\sigma_i^2}\right)$$

7.4.2 径向基函数网络

根据 7.4.1 节中的插值函数,可以画出它的计算图(如图 7.10 所示)。

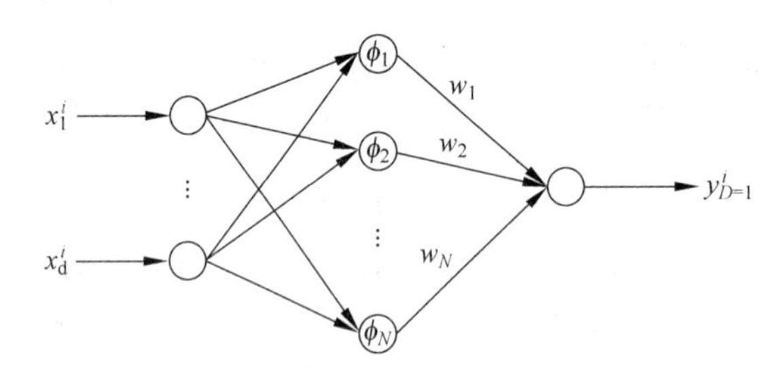

图 7.10 径向基函数网络

这个计算图就是**径向基函数网络**(Radial Basis Function Network, RBF Network)。径向基函数网络由 Broomhead 和 Lowe 在 1988 年提出。这个神经网络包含一个输入层,一个隐藏层和一个输出层。输入层的节点个数是输入向量 x^i 的维度 d,隐藏层的节点个数为训练样例的个数 N,输出层的节点个数是输出向量 y^i 的维

度 D。输入层到隐藏层的权值均为1,隐藏层到输出层的权值为插值函数中各基函数的系数 $w_1,\cdots,w_N$。

以上形式的径向基函数网络显然有以下两个问题。

(1) 当训练数据量很大的时候,如果隐藏层的节点与训练样本相同,计算量就会非常大。

(2) 对噪声非常敏感,稳定性差;这是因为精确插值法要求插值函数通过所有数据点。

因此在实际使用中,我们对径向基函数网络做了一定的改进:基函数的个数不再是 N,而是一个选定的 M,其中,$M<N$。这 M 个高斯函数的中心 $\mu_1,\cdots,\mu_M$ 有以下几种选择方式。

(1) 随机法选取;

(2) 用 K-Means 聚类法选取;

(3) 监督学习法选取。

其中,随机法、K-Means 聚类法选取中心之后,各基函数中心及方差即固定下来,在学习权值的时候不再调整。而在监督学习法中,基函数的中心 $\mu_1,\cdots,\mu_M$、方差 $\sigma_1,\cdots,\sigma_M$、系数 $w_1,\cdots,w_M$ 均作为神经网络的参数,采取与 BP 神经网络类似方式用梯度下降法进行端到端的训练。

随机法:随机选定 M 个中心 $\mu_1,\cdots,\mu_M$ 后,方差 $\sigma_1,\cdots,\sigma_M$ 由中心之间的最大距离 $d_{\max}$ 或平均距离 d_{avg} 所决定,即

$$\sigma_1=\cdots=\sigma_M=\frac{d_{\max}}{\sqrt{2M}}=\frac{\max\limits_{1\leqslant i\leqslant M,1\leqslant j\leqslant M}|\mu_i-\mu_j|}{\sqrt{2M}}$$

或

$$\sigma_1=\cdots=\sigma_M=2d_{\text{avg}}=\frac{2}{M^2-M}\sum_{i=1}^{M}\sum_{j=1}^{M}|\mu_i-\mu_j|$$

K-Means 聚类法:将 N 个样例中心 $x_1,\cdots,x_N$ 分成 M 个类,使用这 M 个类的中心

$$\mu_i=\underset{x^j\in\text{Class}_i}{\text{Avg}}(x^j)$$

作为 M 个基函数的中心。分类采用 K-Means 聚类算法,最优化聚类损失函数

$$J=\sum_{i=1}^{M}\sum_{x^j\in\text{Class}_i}\|x^j-\mu_i\|^2$$

M 个中心 $\mu_1,\cdots,\mu_M$ 被确定之后,$\sigma_1,\cdots,\sigma_M$ 即为每个类各自的方差。

权值计算:随机法和 K-Means 聚类法确定了隐藏层的参数之后,还需要确定的是隐藏层到输出层的权值 $w_1,\cdots,w_M$。由于训练样本点个数 N 大于自由变量(权值)的个数 M,我们不能采用精确插值中求解线性方程组的办法,转而采用监督训练的方法最小化平方和损失函数(Sum-Squared Error):

$$\text{Loss}=\frac{1}{2}\sum_i\|F(x_i)-y_i\|^2$$

其中,$\|\cdot\|$为1-范数。在损失函数的全局最低点,它对所有权值的偏导数都为0,因此有

$$\frac{\partial \text{Loss}}{\partial \boldsymbol{w}} = \boldsymbol{\Phi}^{\mathrm{T}}(\boldsymbol{\Phi} \boldsymbol{w} - \boldsymbol{Y}) = \boldsymbol{0}$$

与7.4.1节中不同,由于$\boldsymbol{\Phi}$不再是方阵,不能直接求逆,我们需要通过求它的伪逆来解此方程。$\boldsymbol{\Phi}$的伪逆为$\boldsymbol{\Phi}^{\dagger} = (\boldsymbol{\Phi}^{\mathrm{T}} \boldsymbol{\Phi})^{-1} \boldsymbol{\Phi}^{\mathrm{T}}$,解得

$$w = \boldsymbol{\Phi}^{\dagger} \boldsymbol{Y}$$

为了使得插值函数更加平滑,在随机法和K-Means聚类法之后权值的监督训练过程中以及在监督学习法的训练过程中,都可以向损失函数中加入正则化项(参见后面正则化相关内容)。

7.5 Hopfield 网络

Hopfield网络由John Hopfield在1982年提出,主要用于联想记忆方面:通过训练,将一些模式储存于网络中;当网络获得一个输入之后,它可以通过若干次迭代收敛到某个模式上。这可以用于例如手写字符识别等任务上。

7.5.1 Hopfield 网络的结构

从直观上来看,Hopfield网络是一个带权无向完全图,如图7.11所示。

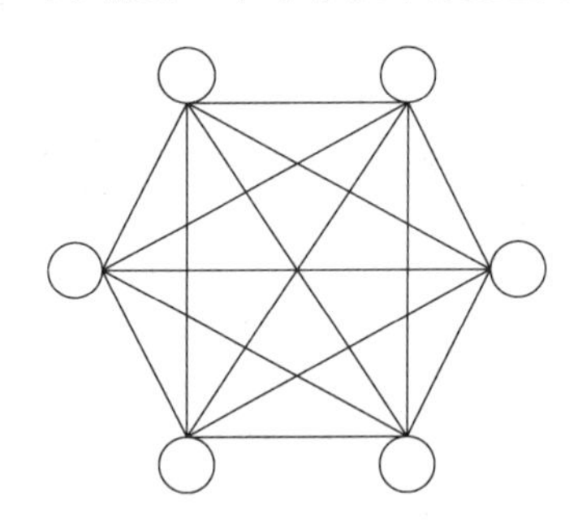

图7.11 具有6个神经元的Hopfield网络

其中每个顶点带有一个状态:1或-1。每条边带有权重且双向的权重是相同的。整个Hopfield网络的状态是各神经元的状态组成的字符序列$\boldsymbol{s} = \{s_1, \cdots, s_n\}$,网络的输入为这样的字符序列$\boldsymbol{s}(t)$,网络输出是它下一时刻的状态$\boldsymbol{s}(t+1)$。.

由于网络的拓扑结构是一个完全图,其权值矩阵为一个方阵:

$$\boldsymbol{W} = \{w_{ij}\}_{n \times n}$$

这个权值矩阵沿主对角线对称:

$$w_{ij} = w_{ji}, \quad \forall i, j$$

且主对角线上元素全为零：

$$w_{ii} = 0, \quad \forall i$$

节点的激活函数可为离散型的，如符号函数 $f(x)=\mathrm{sgn}(x)$，这样的网络称为**离散型 Hopfield 网络**；或为连续型函数，这样的网络称为**连续型 Hopfield 网络**。

7.5.2 Hopfield 网络的训练

Hopfield 网络中可以训练的参数为权值矩阵 $\boldsymbol{W}$。BP 神经网络训练所使用的基于 Delta 法则的梯度下降法，采取的是迭代更新权值的方法。在这里，训练方式是基于 Hebb 法则的，即当两个相邻的神经元总是同时激活，它们之间的连接得到加强；反之则被减弱，这模拟了生物神经元的特性。并且每个训练样本只被训练一次。

对于一组 M 个训练样本 $\boldsymbol{s}^1,\cdots,\boldsymbol{s}^M$，权值按如下方式更新：

$$w_{ij} = w_{ji} = \sum_{k=1}^{M} s_k^i \cdot s_k^j$$

直觉上来说，这样做意味着当两个相邻的神经元同时处于激活状态或同时处于非激活状态时，它们之间的权值加上 1，连接得到加强；当两个相邻的神经元的状态不同(一个激活而另一个非激活)时，它们之间的权值加上 -1，连接被削弱。

7.5.3 Hopfield 网络状态转移

网络状态更新按如下方式进行：

$$s_i(t) = f\left(\sum_j w_{ji} \cdot s_j(t-1)\right)$$

表示成向量形式，即为 $\boldsymbol{s}^{\mathrm{T}}(t)=\boldsymbol{W}\boldsymbol{s}^{\mathrm{T}}(t-1)$。

按照以上状态更新方式经过一定次数的迭代之后，网络一定会收敛于某个状态；这个状态是在训练中储存于网络中与输入状态最相近的模式。John Hopfield 定义的全局能量如下：

$$E = -\sum_{i<j} w_{ij} \cdot s_i s_j$$

我们可以认为模式被储存在全局能量函数的极小值点处。

在数学上可以证明，在每次迭代中，全局能量都必然会下降，因此经过若干轮迭代之后，全局能量将到达离输入最近的极小值点，我们可以认为它就是网络中储存的与输入最相近的模式。

经验表明，一个 Hopfield 网络并不能储存无限多的模式。对一个具有 n 个节点的 Hopfield 网络来说，它最多只能储存大约 $0.139\times n$ 个训练样本中出现过的模式并成功将其复现。

7.6 Boltzmann 机

Boltzmann 机是 Hopfield 网络的蒙特卡洛版本，它由 Geoffrey Hinton 和 Terry Sejnowski 在 1985 年提出。

隐单元的引入：Boltzmann 机与 Hopfield 网络具有类似的结构，但它的作用不再是储存和记忆模式，而是获得到输入数据的表示(Representation)，其实质是一种表示学习。出于这个目的，Boltzmann 机中有一部分神经元为隐单元(Hidden Units)，既不接收外界输入也不向外界输出；其余的神经元为可见单元(Visible Units)。学习到的输入数据的表示被储存在隐单元中。

模拟退火：由于网络的作用不再是寻找与输入最相近的模式，我们不再满足于使网络能量到达最近的极小值点；我们需要找到网络能量的全局最小值点，才能学习到输入数据的最佳表示。而由于 Hopfield 网络的每次状态转移都使得能量下降，它必然会陷入最近的极小值点，不管这个极小值点是否全局最小。因此我们面临着一个问题：如何跳出局部极小值点。

Boltzmann 机采取的策略是引入随机噪声，使得网络能量在状态转移中不仅可以降低，还可以升高，这样就有了跳出局部最小值的机会(如图 7.12 所示)；而后在训练中逐步降低噪声，使得网络状态最终收敛于能量函数的全局最小值点。

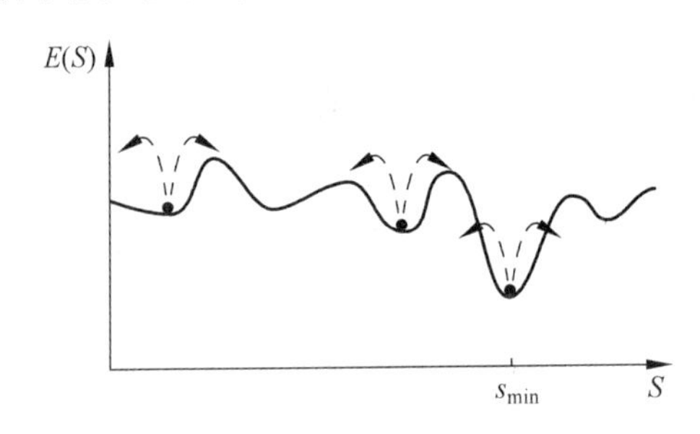

图 7.12　跳出能量函数局部极小值点

(图片来源：https://www.academia.edu/5025760/Introduction_to_Boltzmann_Machine)

上述过程与金属退火的过程相类似：一开始物体温度很高，处于能量较高的状态；然后逐渐降低温度，该物体中各原子趋向于低能量状态，最终整个物体达到能量的最低值。因此这种过程称为模拟退火(Simulated Annealing)。物体降温的过程中的能量转移服从 Boltzmann 分布律，因此这样的神经网络称为 Boltzmann 机。

状态转移：为了模拟能量的 Boltzmann 分布律，每个神经元的激活状态不再以确定方式转移，而是以一定的概率进行状态转移。转移到激活状态的概率为：

$$p(s_i = 1) = \frac{1}{1 + \exp\left(-\frac{\sum_j w_{ij} \cdot s_j}{T}\right)}$$

其中，T 代表人工温度，在训练过程中按照一定方式逐渐下降，以模拟退火过程。例如，在时间 t：

$$T(t)=\frac{T(0)}{\log(t+1)},\quad t>0$$

$\sum_j w_{ij}\cdot s_j$ 则代表该节点的能量变化。转移到非激活状态的概率为

$$p(s_i=-1)=1-p(s_i=1)$$

Boltzmann 训练算法：Boltzmann 机训练主要分为以下三个阶段。

(1) 锁死阶段。这一阶段将所有可见单元(输入单元和输出单元)锁死到系统输入上，即只对隐单元的状态进行更新；通过模拟退火过程使得网络收敛到某个状态上，然后计算相邻单元状态之积 $s_i\cdot s_j$ 的期望 $\langle s_i,s_j\rangle^+$。

(2) 自由阶段。这一阶段除了输入单元以外，其他神经元的状态都自由更新，通过模拟退火过程使得网络收敛到另一个状态上，然后计算相邻单元状态之积 $s_i\cdot s_j$ 的期望 $\langle s_i,s_j\rangle^-$。

(3) 权值更新阶段。对连接权值按如下方法进行更新：

$$w_{ij}\leftarrow w_{ij}-\frac{\eta}{T}\cdot(\langle s_i,s_j\rangle^+-\langle s_i,s_j\rangle^-)$$

限制 Boltzmann 机：随着神经元数目的增长，计算开销急剧上升，因此在实际应用中通常对 Boltzmann 机做改进以降低计算开销。限制 Boltzmann 机的网络结构(如图 7.13 所示)不再是一个完全图，而是一个二分图。限制 Boltzmann 机主要用于降维。

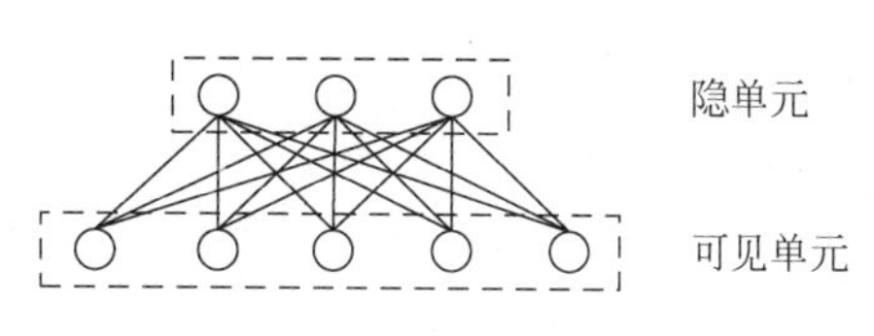

图 7.13　限制 Boltzmann 机

7.7　自组织映射网络

自组织映射网络(Self-Organizing Maps，SOM)可以将高维连续空间中的特征向量映射到低维离散空间；它将相似的输入映射到相似的输出。它主要用于聚类、数据可视化(将高维数据投射到低维空间)等任务，采取竞争学习(Competitive Learning)进行训练，是一种非监督的训练方法。

7.7.1　网络结构

在生物神经网络，尤其是人类的大脑神经网络中，具有相同或相似功能的神经元

往往在空间分布上也集中在某一个区域；这预示着空间位置邻近的神经元也许会以某种方式相互影响。自组织映射网络正是这样一种节点的功能与其拓扑位置有关的神经网络(如图 7.14 所示)。它由 Teuvo Kohonen 在 1982 年提出,因此也被称为 Kohonen 网络。

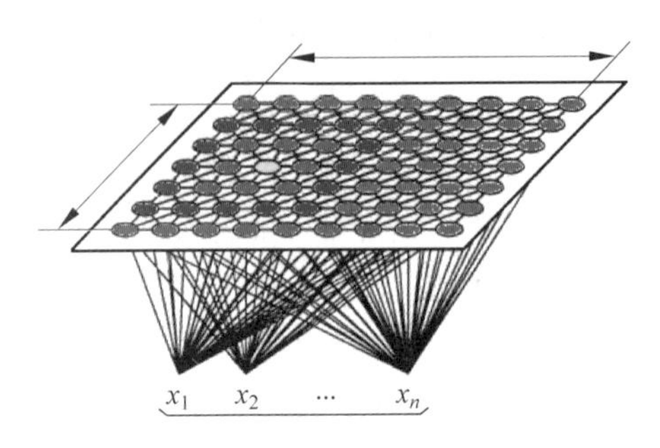

图 7.14　自组织映射网络

(图片来源 http://www.lohninger.com/kohonen.html)

自组织映射网络有一个输入层和一个输出层。输入层有 n 个节点,代表 n 维的输入向量 $\boldsymbol{x}=\{x_1,x_2,\cdots,x_n\}$；输出层有 m 个节点 $\boldsymbol{y}_1,\boldsymbol{y}_2,\cdots,\boldsymbol{y}_m$,我们要把每一个输入向量映射到这 m 个节点中的一个。

与其他神经网络不同的是,自组织映射网络的输出层节点具有一定的拓扑结构:这些输出节点可以被排列在一维、二维(如图 7.15 所示)、三维(如图 7.16 所示)或更高维度的空间中。它们不一定要均匀地分布,而是可以以任意密度和方式排列。

每个输出节点具有以下两组参数。

(1) 一个 n 维的权值向量 $\boldsymbol{w}=\{w_1,w_2,\cdots,w_n\}$,它对应于输入向量各维度上的特征值。需要注意的是,这里的权值向量并不用于对各输入节点进行加权求和,而是用于比较输出与输入的差别。

(2) 输出节点在空间中的位置。

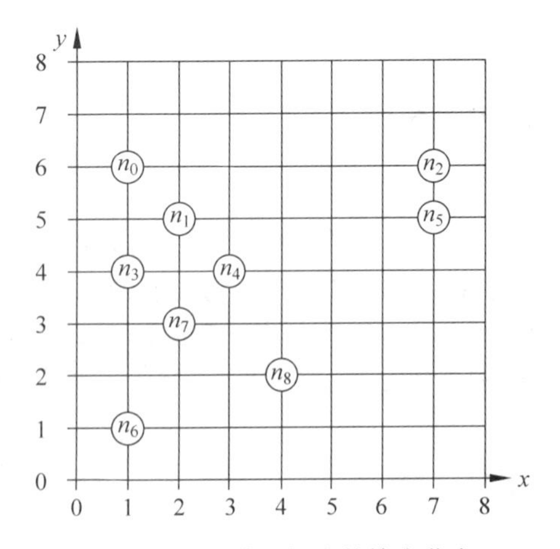

图 7.15　二维空间中的输出节点

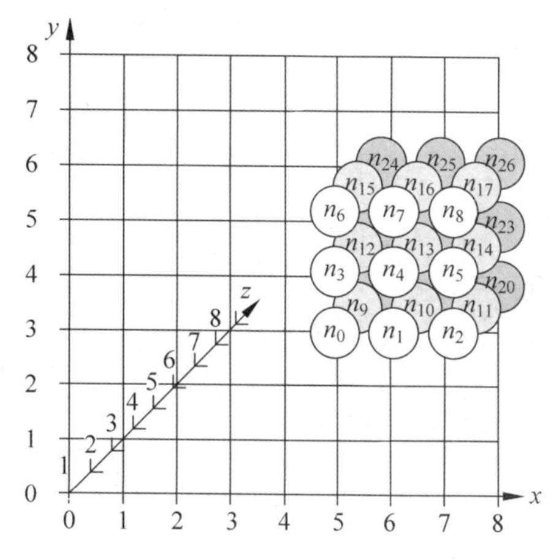

图 7.16　三维空间中的输出节点

（图片来源：Christoph Brauer，An Introduction to Self-Organizing Maps）

7.7.2　训练算法

在训练中，输出节点的位置是固定不变的，而连接权值向量是可以被更新的。训练按照如下步骤进行。

（1）寻找与输入向量具有最相似权值向量 $\boldsymbol{w}$ 的输出节点。“相似”的度量可以用两个向量的差别函数 diff($\boldsymbol{a}$,$\boldsymbol{b}$)来衡量，常用的差别函数有欧几里得距离、余弦距离等。形式化地，我们寻找到第 i 个输出节点：

$$i = \underset{i}{\operatorname{argmin}}\ \operatorname{diff}(\boldsymbol{x}, \boldsymbol{w}_i)$$

这个输出节点$\boldsymbol{y}_i$ 被称为“胜者节点”(Winning Node)。

（2）调整输出节点的权值。如果我们用输出节点空间所定义的距离 dist($\boldsymbol{a}$,$\boldsymbol{b}$)来衡量节点的邻近程度，那么输出节点$\boldsymbol{y}_j$ 的权值调整的公式如下(其中，η 为学习率)：

$$\boldsymbol{w}_j \leftarrow \boldsymbol{w}_j + \eta \cdot \operatorname{dist}(\boldsymbol{y}_j, \boldsymbol{y}_i) \cdot \operatorname{diff}(\boldsymbol{x}, \boldsymbol{w}_j)$$

权值调整的原则是：胜者节点$\boldsymbol{y}_i$ 的权值向量$\boldsymbol{w}_i$ 与输入向量 $\boldsymbol{x}$ 的联系得到加强，胜者节点的邻近节点(Neighboring Nodes)与输入向量的联系不变或者被削弱。

需要注意的是，dist(•)函数直接使用两个输出节点 $\boldsymbol{y}_j$，$\boldsymbol{y}_i$ 的拓扑距离；而diff(•)函数则是关于$\boldsymbol{w}_j$ 与 $\boldsymbol{x}$ 之间的拓扑距离 d 的函数。常用的 dist(•)函数有高斯函数等。Kohen 在他的论文中提出来使用 Mexican hat function 作为 dist(•)函数(如图 7.17 所示)：

$$\operatorname{dist}(d) = \left(1 - \frac{d^2}{\sigma^2}\right) \cdot \exp\left(-\frac{d^2}{2 \cdot \sigma^2}\right)$$

训练结束之后，权值不再改变；测试时输入向量 $\boldsymbol{x}$ 将被映射到拥有与其最相似的权值向量$\boldsymbol{w}_i$ 的输出节点上，相似程度依然以 dist(•)函数度量。

以这样方式工作的自组织映射网络可以用于矢量量化(Vector Quantization)。

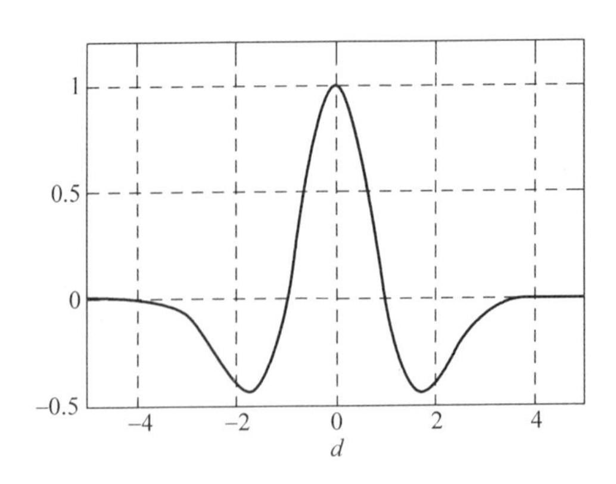

图 7.17　Mexican hat function

例如，在图片编码中，对于每一个像素点需要储存三个实数值(R,G,B)，这样理论上就有256^3种颜色；而实际上一幅图片中使用到的颜色并没有这么多，而且许多用到的颜色之间非常相似。因此当需要压缩图片大小时，我们把每个像素点表示成一个三维的向量 $\boldsymbol{p}=(R,G,B)$，作为自组织映射网络的输入；假设只保留 m 种颜色，那么输出层则设置 m 个输出节点。网络训练完成后，压缩可以如下进行：图片上每一个像素点 $\boldsymbol{p}=(R,G,B)$映射到一个输出节点$\boldsymbol{y}_i$上，于是一个像素点就只需要用一个整数 i 来表示，需要储存的数据量也就减少了，从而达到压缩的目的。这相当于把可能出现的任意一种颜色映射到这 m 种颜色中与它最相近的一种。

7.8　实例：使用 MATLAB 进行 Batch Normalization

7.8.1　浅识 Batch Normalization

1. Training the neural network

基于对数据分布的不同假设，通过人为对代价函数的设计，神经网络对样本的学习本质上体现为一个优化过程。

如何改善寻优过程，使其收敛速度快、容易找到最优值，有两方面工作可以做：优化算法(L-BFGS，以及其他基于 Momentum、对 Learning Rate 做调整的方法)、优化策略(Weight Normalization、Batch Normalization[①])。

其中，Batch Normalization(BN)是现在最常用的优化策略，可以让模型更加容易优化，训练加快，泛化能力提高。几乎所有网络设计时都会考虑 BN。

---

① Ioffe S，Szegedy C. Batch normalization：Accelerating deep network training by reducing internal covariate shift[J]. arXiv preprint arXiv：1502.03167，2015.

2. Covariate shift

在神经网络的 SGD 训练中,我们假定数据分布是保持不变的,训练数据和测试数据应大致符合同一个分布。

神经网络随着层数加深,每层进行非线性变换,显然数据分布与之前的差异逐层变大。

3. Whitening

在此前的研究工作中,我们会对输入数据进行白化(Whitening),使得每个成分与其他成分独立(去除相关性),降低输入冗余度。这可以使得学习更简单,网络收敛更快。(PCA 即可用来白化。)

那么现在,我们为何不在过每一层网络之前,都把输入数据白化,改善神经网络训练困难的问题?

答案是因为这个操作本身计算量比较大,对于大数据集训练的 NN 代价太高。

4. Batch Normalization

我们不对整个数据做白化,退而求其次在 Batch 的范围内做,只考虑每一维度(激活神经元的输出)各自 Normalize,均值 0 方差 1,然后再输入给下一层。实际上相当于给原来的网络中间加了一层 BN 层。

x 是上一层给的输出(如果上一层不是输入层,则是通过激活函数后的输出),y 是通过 BN 层后的输出,也就是给下一层的输入。

Input: Values of x over a mini - batch: $B = \{x_1 \cdots, m\}$

Parameters to be learned: γ, β

Output: $\{y_i = \mathrm{BN}_{\gamma,\beta}(x_i)\}$

$$\mu B \leftarrow \frac{1}{m}\sum_{i=1}^{m} x_i \qquad //\text{mini - batch mean}$$

$$\sigma_B^2 \leftarrow \frac{1}{m}\sum_{i=1}^{m} (x_i - \mu B)^2 \qquad //\text{mini - batch variance}$$

$$\hat{x}_i \leftarrow \frac{x_i - \mu b}{\sqrt{\sigma_B^2 + \varepsilon}} \qquad //\text{normalize}$$

$$y_i \leftarrow \gamma \hat{x}_i + \beta \equiv \mathrm{BN}_{\gamma,\beta}(x_i) \qquad //\text{scale and shift}$$

但是强行对神经网络做这种粗暴干涉,会影响其表达能力。为此我们再引入一些微调,也就是给 BN 层赋予参数 γ、β,也与其他层间的权值参数一起进行学习。

在 SGD 训练过程结束后,再进行后训练,计算全数据集上该维的均值和方差(无偏估计),将 BN 层中已训练好的 γ、β 替换修正。

如下所示,k 是上一层的激活神经元个数。

Input: Network N with trainable parameters Θ

Subset of activations $\{x^{(k)}\}_{k=1}^{K}$

```
Output:Batch - normalized network for inference, N_BN^inf
1:N_BN^tr ← N                          //Training BN network
2:for k = 1 … K do
3:      Add transformation y^(k) = BN_γ(k),β(k) (x^(k)) to N_BN^tr
4:      Modify each layer in N_BN^tr with input x^(k) to take y^(k) instead
5:end for
6:Train N_BN^tr to optimize the parameters Θ ∪ {γ^(k), β^(k)}_{k=1}^K
7:N_BN^inf ← N_BN^tr                   //Inference BN network with frozen parameters
8:for k = 1 … K do
9:      //for clarity, x≡x^(k), γ≡γ^(k), μb≡μ_b^(k), etc.
10:     Process multiple training mini - batches B, each of size m, and average over them:
```

$E[x] \leftarrow E_b[\mu b]$

$\mathrm{Var}[x] \leftarrow \frac{m}{m-1} E_b[\sigma_b^2]$

11: In $N_{\mathrm{BN}}^{\mathrm{inf}}$, replace the transform $y = \mathrm{BN}_{\gamma,\beta}(x)$ with

$y = \frac{\gamma}{\sqrt{\mathrm{Var}[x] + \varepsilon}} \cdot x + \left(\beta - \frac{\gamma E[x]}{\sqrt{\mathrm{Var}[x] + \varepsilon}}\right)$

12:end for

注意由于给网络新加入了一层,反向传播的计算有所改变,如下所示。

$$\frac{\partial l}{\partial \hat{x}_i} = \frac{\partial l}{\partial y_i} \cdot \gamma$$

$$\frac{\partial l}{\partial \sigma_B^2} = \sum_{i=1}^{m} \frac{\partial l}{\partial \hat{x}_i} \cdot (x_i - \mu B) \cdot \frac{-1}{2} (\sigma_B^2 + \varepsilon)^{-3/2}$$

$$\frac{\partial l}{\partial \mu B} = \left(\sum_{i=1}^{m} \frac{\partial l}{\partial \hat{x}_i} \cdot \frac{-1}{\sqrt{\sigma_B^2 + \varepsilon}}\right) + \frac{\partial l}{\partial \sigma_B^2} \cdot \frac{\sum_{i=1}^{m} -2(x_i - \mu B)}{m}$$

$$\frac{\partial l}{\partial x_i} = \frac{\partial l}{\partial \hat{x}_i} \cdot \frac{1}{\sqrt{\sigma_B^2 + \varepsilon}} + \frac{\partial l}{\partial \sigma_B^2} \cdot \frac{2(x_i - \mu B)}{m} + \frac{\partial l}{\partial \mu B} \cdot \frac{1}{m}$$

$$\frac{\partial l}{\partial \gamma} = \sum_{i=1}^{m} \frac{\partial l}{\partial y_i} \cdot \hat{x}_i$$

$$\frac{\partial l}{\partial \beta} = \sum_{i=1}^{m} \frac{\partial l}{\partial y_i}$$

5. Experiments

BN 有效提升网络训练速度以及准确率,并使得分布更加稳定。

7.8.2 MATLAB nntool 使用简介

MATLAB 是非常强大的数值计算工具,包含很多机器学习相关的工具箱可供用户操作。下面对 MATLAB 神经网络工具箱进行简单介绍。

在 MATLAB 命令行内输入 nnstart 命令，开启神经网络工具箱，如图 7.18 所示。

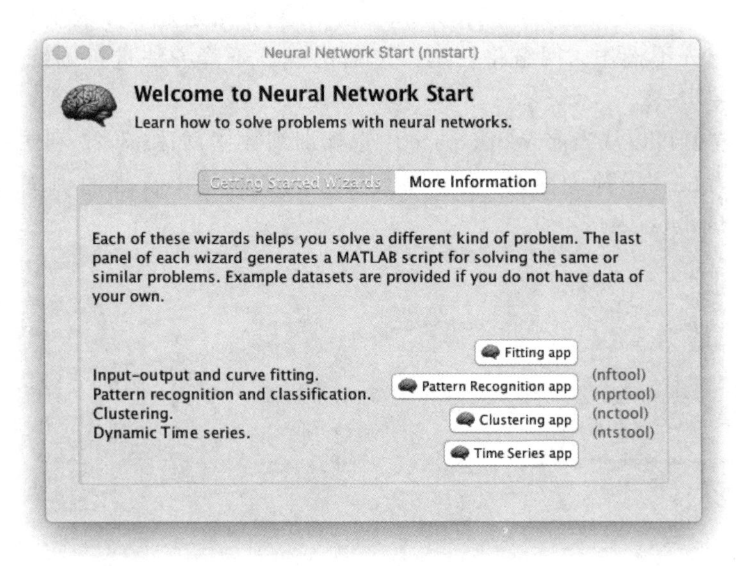

图 7.18　开启网络工具箱

利用神经网络进行模式识别与分类，就可以单击 Pattern Recognition app，或者直接在命令行输入 nprtool。如果利用神经网络继续数据聚类，那么就可以单击 Clustering app，或者在命令行输入 nctool。

下面以模式识别工具箱为例，如图 7.19 所示。

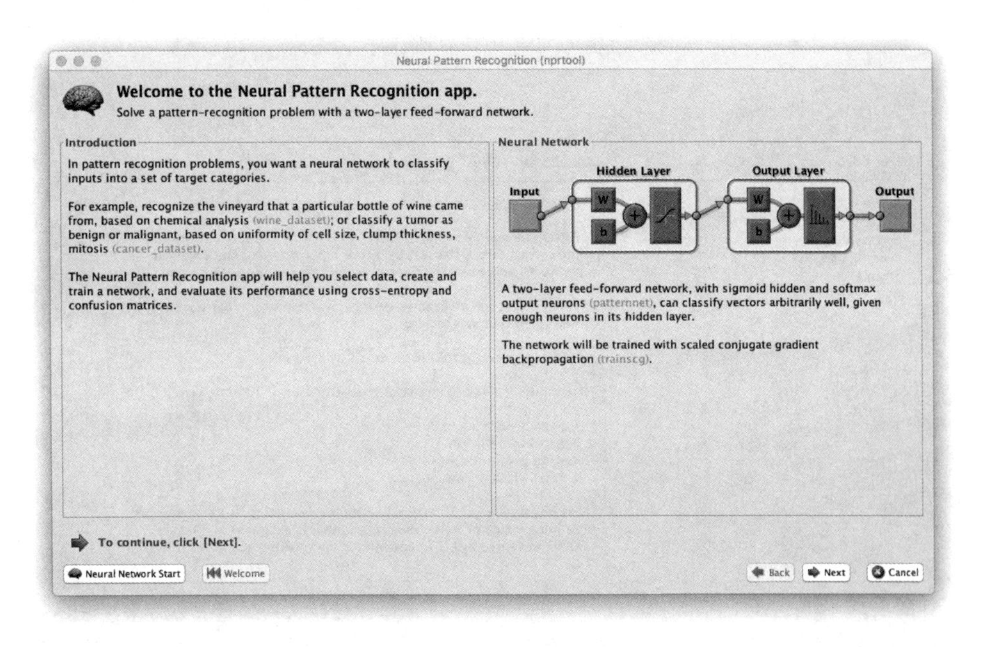

图 7.19　模式识别工具箱

在神经网络模式识别工具箱的首页中，MATLAB 介绍了神经网络的基本架构：两层网络，带有 Sigmoid 隐藏层与 Softmax 输出层，在给定足够多数量隐层单元的情况下可以进行分类操作。网络将使用改进后的梯度下降方法进行训练。单击 Next 按钮进行下一步。

在窗口左侧可以从当前 Workspace 中选择训练数据，如图 7.20 和图 7.21 所示，如果只是想尝试一下神经网络，也可以直接导入工具箱中自带的训练数据。单击 Load example data set。

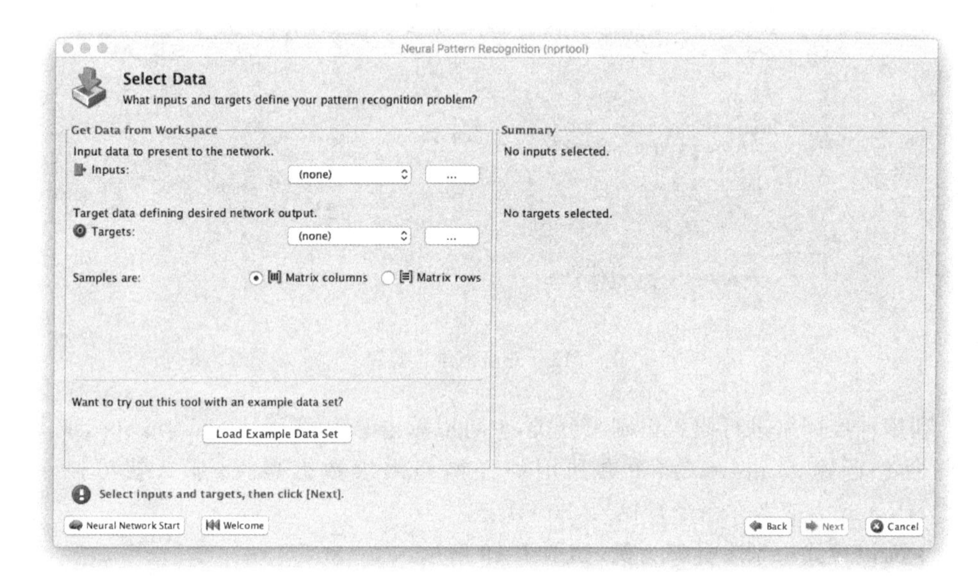

图 7.20　选择数据(1)

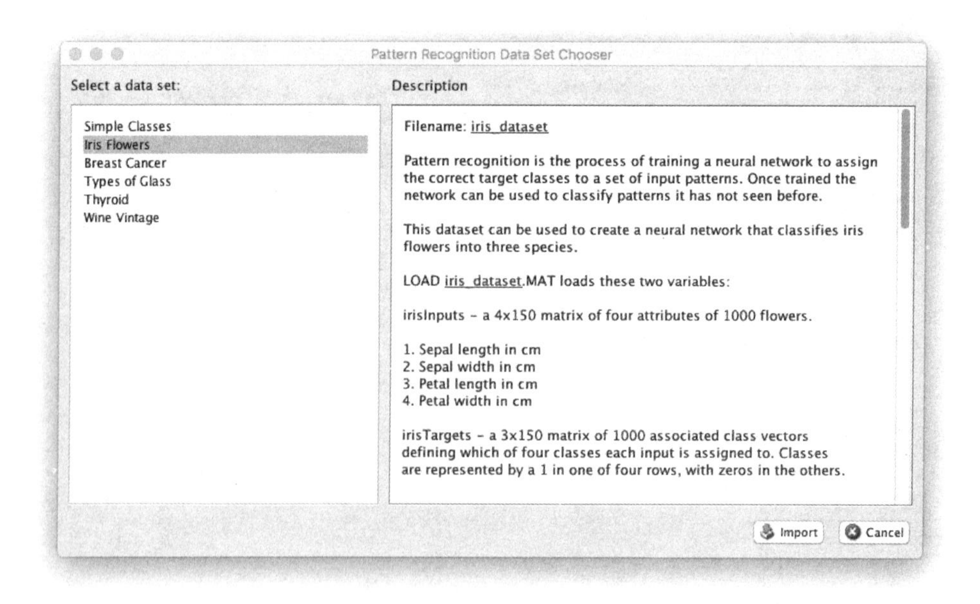

图 7.21　选择数据(2)

选择 Iris Flowers 数据集。该数据集包含 150 个样本，每个样本包含 4 个特征值，分别是花的长度、宽度等人工提取的经验特征值。目标类别共有三种。即输入为 4×150 的矩阵，输出为 3×150 的矩阵（每一列仅有一个元素为 1，代表样本所属的类别，其余位置为 0）。

在选择数据页面，有说明当前数据矩阵的行列的代表意义，注意不要设置反（如图 7.22 所示）。

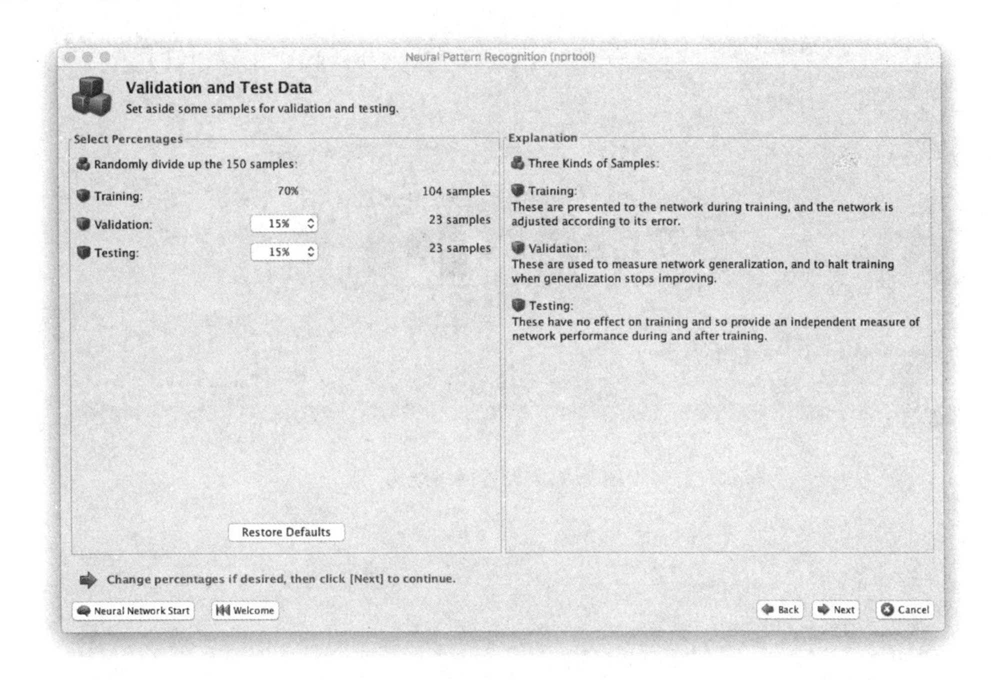

图 7.22　选择数据(3)

划分训练数据集、验证数据集、测试数据集。默认按照 70∶15∶15 来划分。简单来说，训练数据用来在给定参数下训练模型，验证数据用来调试参数，测试数据完全不参与训练，用于最后评估模型。

设置网络架构，如图 7.23 所示。设置隐藏层神经元数目，一般来说，神经元数越多网络能力更强，但是训练更困难。

开始训练网络，如图 7.24 所示，模型会使用优化算法不断寻求更小的代价函数值。MATLAB 将自动打开一个新的界面，显示训练进度等相关信息，如图 7.25 所示。

最上面的网络架构图，显示训练出的神经网络，有 4 个输入节点，隐藏层有 10 个单元，输出层有 3 个节点。下面显示数据的划分方式（随机）、训练优化算法（Scaled Conjugate Gradient，一种改进后的梯度下降）、性能评估方式（交叉熵）。进度部分，最大迭代次数为 1000，训练 15 次就已收敛，满足了预设的性能要求，训练结束。训练时间不到 1s。查看性能图，可以看到随着训练进行，在训练数据、验证数据、测试数据集

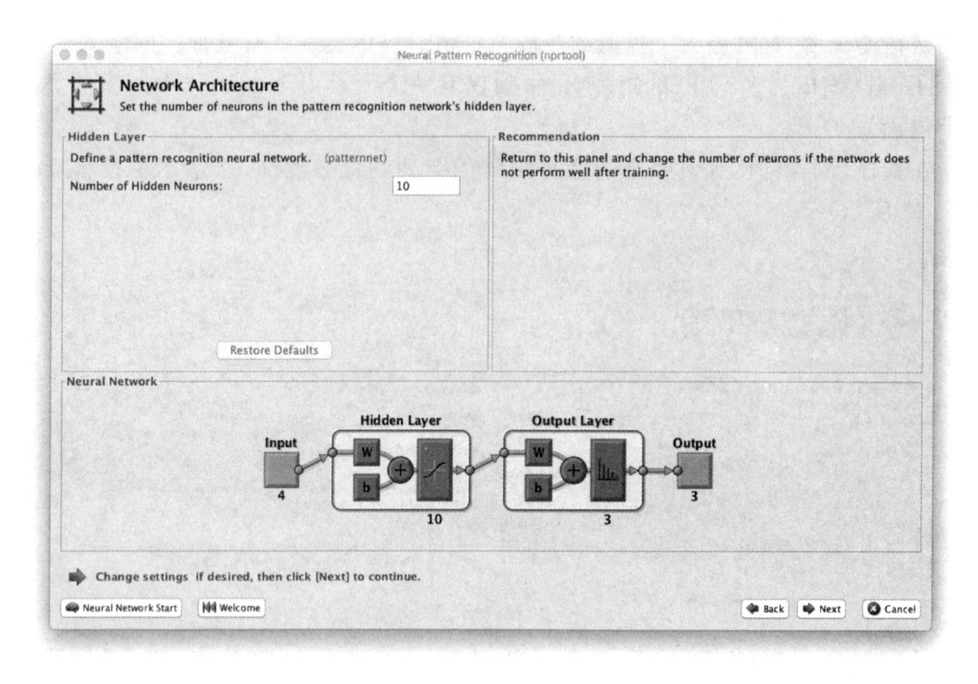

图 7.23 设置网络结构

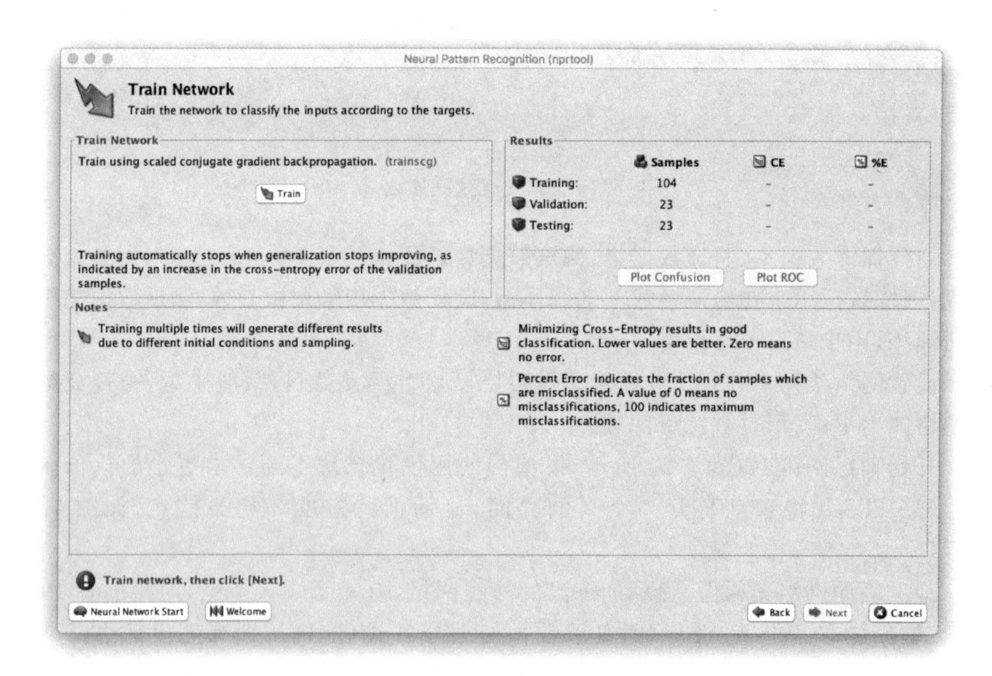

图 7.24 训练

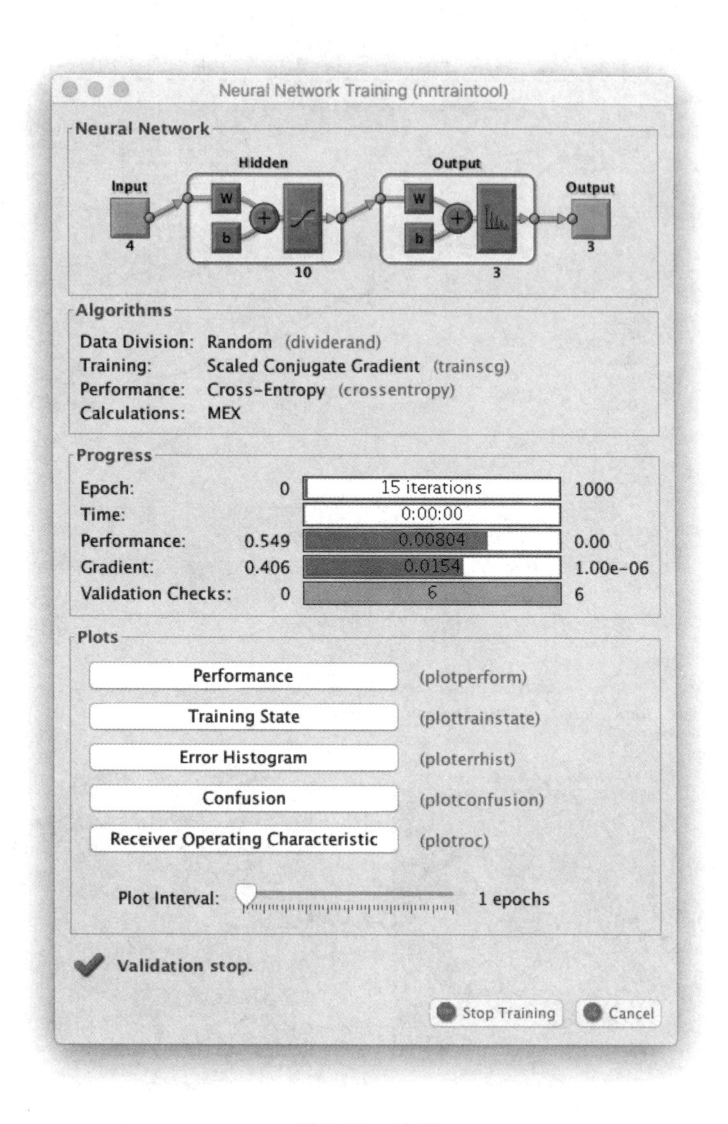

图 7.25　验证

上的性能，如图 7.26 所示。

查看混淆矩阵(如图 7.27 所示)。4 个混淆矩阵分别代表网络在训练数据集、验证数据集、测试数据集以及全数据集上的性能表现。对角线元素代表准确分类的样本数和比例，其他代表错误。

如果对网络的性能不满意，可以尝试继续训练，或者调整网络大小，如图 7.28 所示，引入更大的数据集。

最后，工具箱还可以根据刚才图形化界面上的设定，直接生成相对应的 MATLAB 代码。单击 Simple Script 按钮生成基本版，单击 Advanced Script 按钮生成高级版。高级版本可以更加详细地设置各种功能，如划分数据的方法、性能的评估方法等。

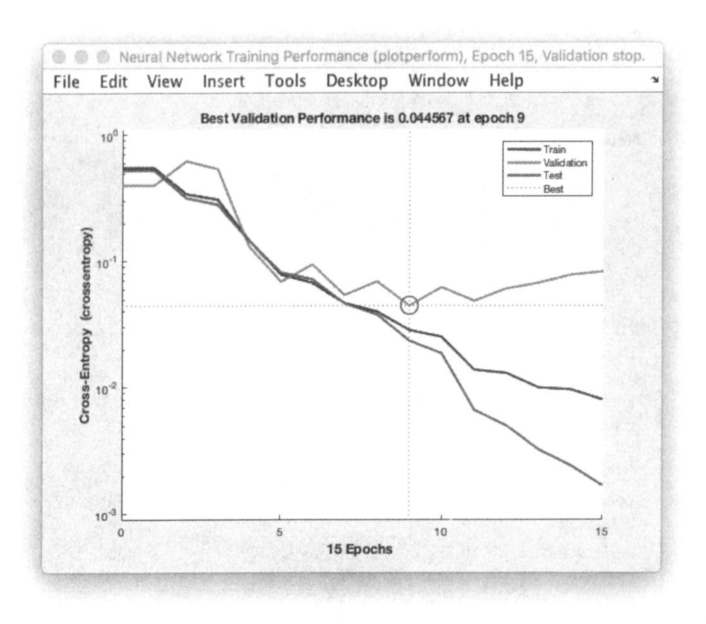

图 7.26　训练效果

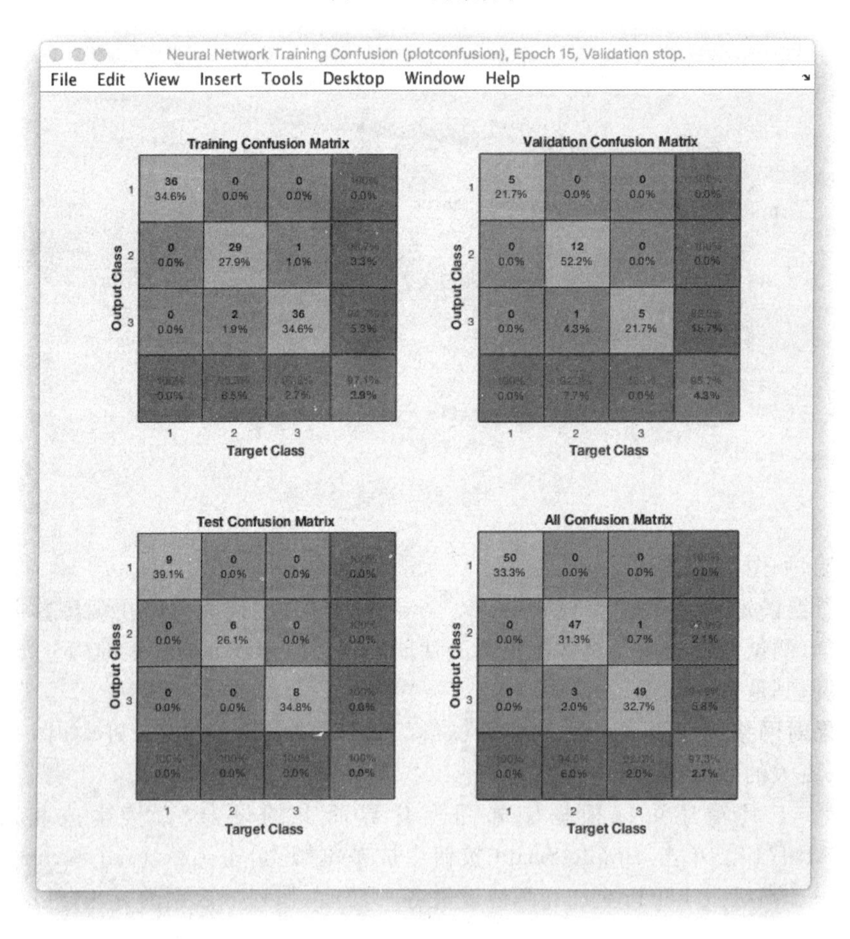

图 7.27　混淆矩阵

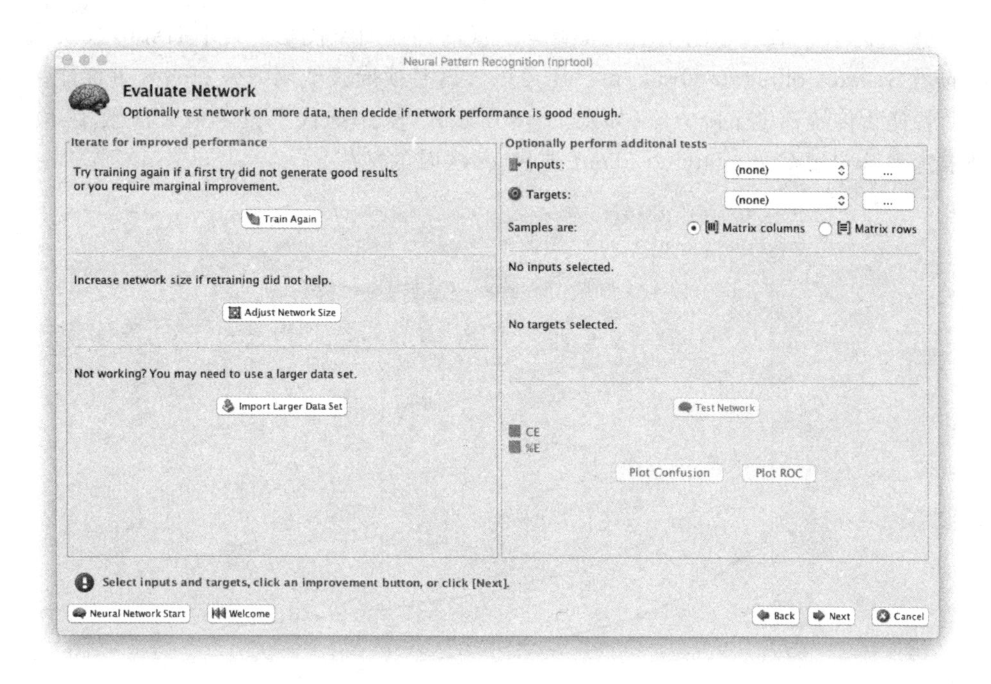

图 7.28　调整网络参数

网络本身以及网络的输出可以在这里手动保存，如图 7.29 所示。

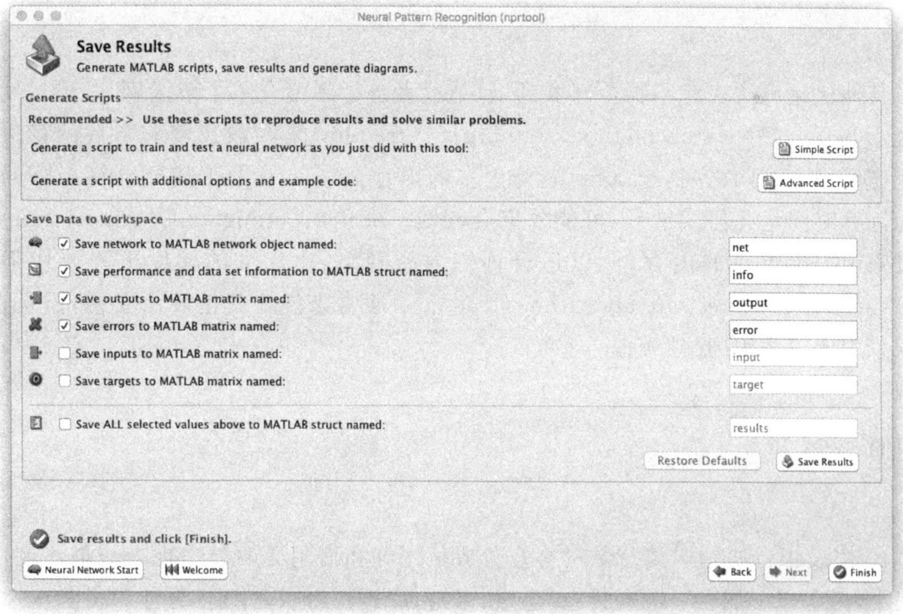

图 7.29　保存训练结果

进一步，我们查看下刚刚工具箱自动生成的神经网络代码。其中训练函数默认使用的是 Scaled Conjugate Gradient。还可以尝试替换成其他函数来观察一下性能。

替换为传统梯度下降方法（如图 7.30 所示）。算法迭代至设定最大次数 1000 次仍未达到 Scaled Conjugate Gradient 迭代 15 次时的性能。

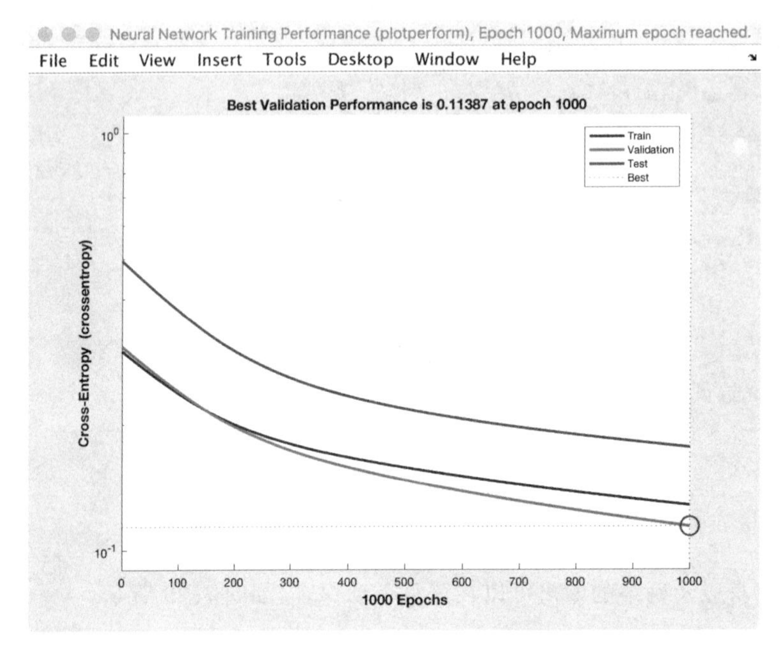

图 7.30　传统梯度下降法性能

其他优化算法在此不再全部罗列上，请读者自行阅读文献了解区别，并尝试性能。通常，The quasi-Newton method（trainbfg）与（trainlm）是收敛速度非常快的算法，但是在应用至大型网络时，trainlm 需要更多的内存，trainbfg 由于需要计算矩阵的逆，因此计算时间呈几何式增长，可能效率会较低。Scaled Conjugate Gradient（trainscg）相对来说需要更小的内存，所以适合训练大型网络，比标准的梯度下降要快很多。The variable learning rate algorithm （traingdx）通常来说比其他算法要慢，但是在一些场景中比较适用（收敛缓慢一些）。

习题

1. 假设银行要给申请贷款的客户分成信用好和信用坏两类。现有一描述客户的数据集，内含以下属性：婚姻状态{已婚，未婚，离婚，其他}，性别{男性，女性，双性，跨性，无性，其他}，年龄{[18,30)，[30,50)，[50,65)，[65＋)}，收入{[10k,25k)，[25k,50k)，[50k,65k)，[65k,100k)，[100k＋)}。设计一个可被训练的神经网络，可以将信用好的客户和信用坏的客户区分开。

2. 如图 7.31 所示神经网络被用于区分直钉与螺丝钉：

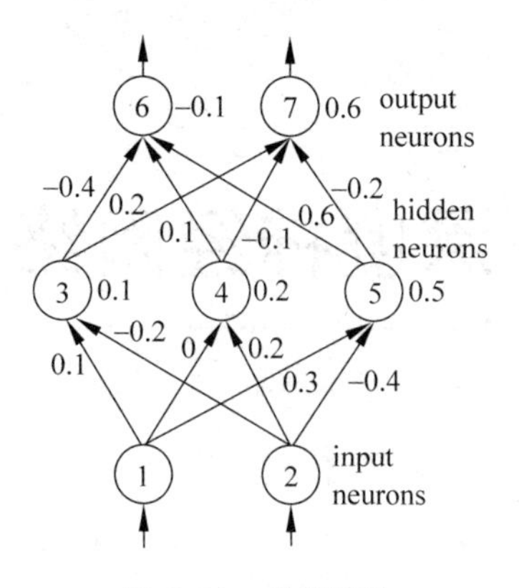

图 7.31　神经网络

初始化的权重如各箭头旁数字所示，初始化的偏置如各节点旁数字所示，节点标号如圆圈内所示。

现有训练样例{输入 1，输入 2，输出结果}：T_1{0.6，0.1，直钉}，T_2{0.2，0.3，螺丝钉}。

(1) 输出节点有两个，如何表示直钉/螺丝钉的分类结果？

(2) 假设学习率为 0.1。动手模拟两个样例的训练过程，列出使用{T_1，T_2}作为训练集进行一次迭代之后的权重和偏置。

3. 神经网络与支持向量机分别应在什么情况下使用？

第8章

深度神经网络

8.1 什么是深度神经网络

本章将介绍两种在深度学习领域最为流行且较为成熟应用的网络构型：卷积神经网络与循环神经网络。它们都属于采用后向传播算法训练的BP神经网络，之所以被称为深度神经网络，是因为它们的隐藏层数较多，“深度”较深。

我们知道，神经网络可以被用来作为函数逼近器，传统上神经网络的主要作用被认为是作为一种函数映射。但是理论上，使用一层隐藏层的神经网络已经可以表示任意复杂的函数映射，那么为何要采用更多的隐藏层呢？直到在图像处理领域进行了一些深度神经网络的尝试之后，人们发现神经网络的能力不仅在于表示复杂的函数映射，还在于抽取图像中不同层次、反复出现的特征；而多层的隐藏层正好为抽取这些不同层次的特征提供了一种潜在的结构。

然而如果要增加隐藏层，研究者不得不面对的一个问题就是：每增加一层隐藏层，隐藏层中每增加一些节点，网络参数都要增加不少；大量的参数使得网络的训练变得十分困难，并且计算和储存开销都很高。不解决这个问题，基于深度神经网络的模型就无法有效发挥它的作用。

而在实践中，研究者们采取的策略是：让深度神经网络中一些组件**共享参数**。一类神经网络在空间位置之间共享参数，这类神经网络的代表是卷积神经网络，它们被广泛应用于处理图像；另一类神经网络在时间线上共享参数，这类神经网络的代表是循环神经网络，它们被广泛应用于序列的处理上，例如文本处理。

8.2　卷积神经网络

8.2.1　卷积神经网络的基本思想

卷积神经网络最初由 Yann LeCun 等人在 1989 年提出，是最初取得成功的深度神经网络之一。它的基本思想如下。

1. 局部连接

传统的 BP 神经网络，例如多层感知机，前一层的某个节点与后一层的所有节点都有连接，后一层的某一个节点与前一层的所有节点也有连接，这种连接方式称为**全局连接**(如图 8.1 所示)。如果前一层有 M 个节点，后一层有 N 个节点，就会有 $M\times N$ 个连接权值，每一轮后向传播更新权值的时候都要对这些权值进行重新计算，造成了 $O(M\times N)=O(n^2)$的计算与内存开销。

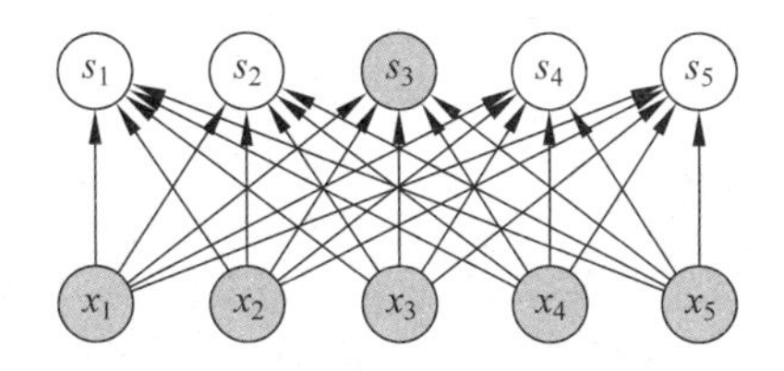

图 8.1　全局连接的神经网络

(图片来源：Goodfellow et al. *Deep Learning*，MIT Press.)

而局部连接的思想就是使得两层之间只有相邻的节点才进行连接，即连接都是“局部”的(如图 8.2 所示)。以图像处理为例，直觉上，图像的某一个局部的像素点组合在一起共同呈现出一些特征，而图像中距离比较远的像素点组合起来则没有什么实际意义，因此这种局部连接的方式可以在图像处理的问题上有较好的表现。如果把连接限制在空间中相邻的 c 个节点，就把连接权值降低到了 $c\times N$，计算与内存开销就降低到了 $O(c\times N)=O(n)$。

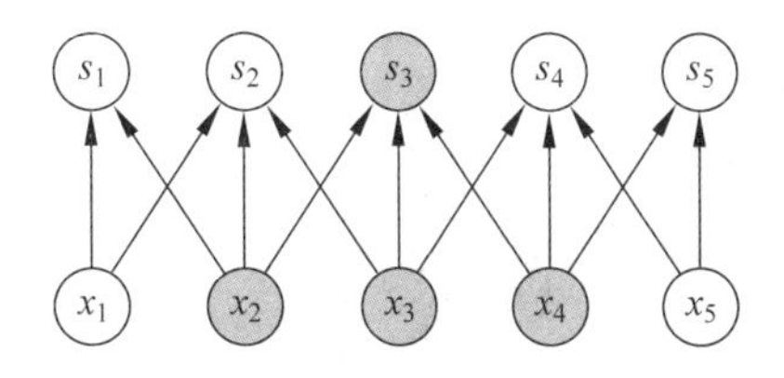

图 8.2　局部连接的神经网络

(图片来源：Goodfellow et al. *Deep Learning*，MIT Press.)

2. 参数共享

既然在图像处理中，认为图像的特征具有局部性，那么对于每一个局部使用不同的特征抽取方式(即不同的连接权值)是否合理呢？由于不同的图像在结构上相差甚远，同一个局部位置的特征并不具有共性，对于某一个局部使用特定的连接权值不能得到更好的结果。因此考虑让空间中不同位置的节点连接权值进行共享：例如在图8.2中，属于节点 s_2 的连接权值：

$$\boldsymbol{w} = \{w_1, w_2, w_3 \mid w_1: x_1 \rightarrow s_2; w_2: x_2 \rightarrow s_2; w_3: x_3 \rightarrow s_2\}$$

可以被节点 s_3 以

$$\boldsymbol{w} = \{w_1, w_2, w_3 \mid w_1: x_2 \rightarrow s_3; w_2: x_3 \rightarrow s_3; w_3: x_4 \rightarrow s_3\}$$

的方式共享。其他节点的权值共享类似。

这样一来，两层之间的连接权值就减少到 c 个；虽然在前向传播和后向传播的过程中，计算开销仍为 $O(n)$，但内存开销被减少到常数级别 $O(c)$。

8.2.2 卷积操作

离散的卷积操作正是这样一种操作，它满足了以上局部连接、参数共享的性质。代表卷积操作的节点层称为**卷积层**。

在泛函分析中，卷积被 $f*g$ 定义为

$$(f*g)(t) = \int_{-\infty}^{\infty} f(\tau)g(t-\tau)\mathrm{d}\tau$$

则一维离散的卷积操作可以被定义为

$$(f*g)(x) = \sum_i f(i)g(x-i)$$

现在，假设 f 与 g 分别代表一个从向量下标到向量元素值的映射，令 f 表示输入向量，g 表示的向量称为**卷积核**(Kernel)，则卷积核施加于输入向量上的操作类似于一个权值向量在输入向量上移动，每移动一步进行一次加权求和操作；每一步移动的距离被称为**步长**(Stride)。例如，取输入向量大小为5，卷积核大小为3，步长1，则卷积操作过程如图8.3和图8.4所示。

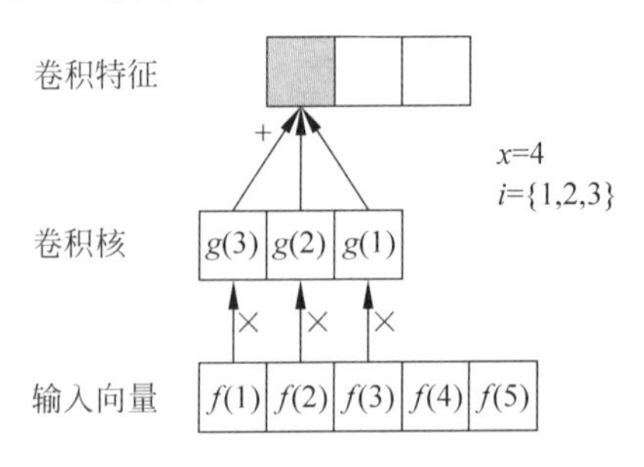

图8.3 卷积操作(1)

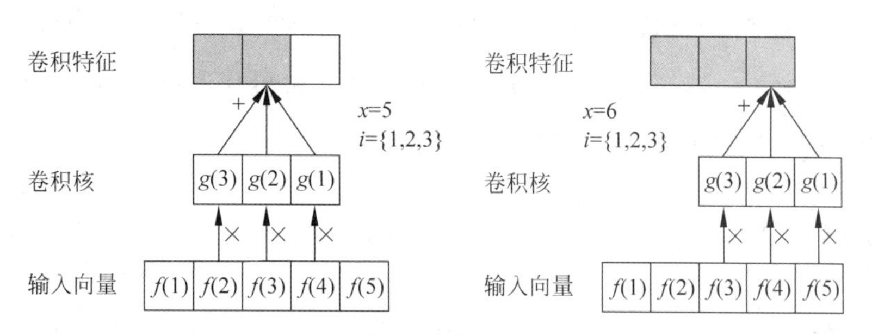

图 8.4　卷积操作(2)、(3)

卷积核从输入向量左边开始扫描，权值在第一个位置分别与对应输入值相乘求和，得到卷积特征值向量的第一个值，接下来，移动一个步长，到达第二个位置，进行相同操作；以此类推。

这样就实现了从前一层的输入向量提取特征到后一层的操作，这种操作具有局部连接(每个节点只和与其相邻的三个节点有连接)以及参数共享(所用的卷积核为同一个向量)的特征。类似地，我们可以拓展到二维(如图 8.5 所示)，以及更高维度的卷积操作。

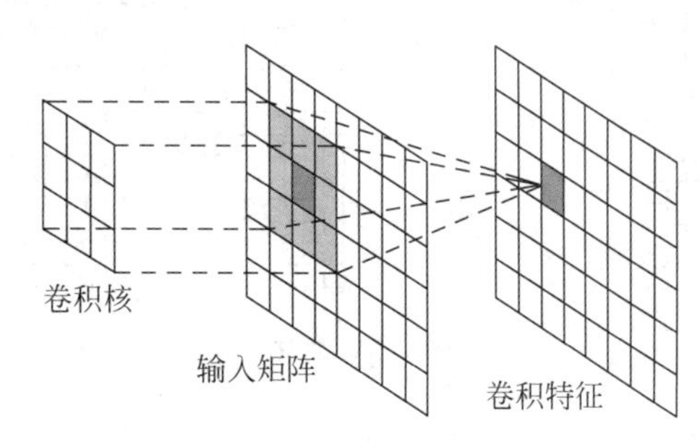

图 8.5　二维卷积操作

(图片来源：http://colah.github.io/posts/2014-07-Understanding-Convolutions/)

多个卷积核：利用一个卷积核进行卷积抽取特征是不充分的，因此在实践中，通常使用多个卷积核，将所得不同卷积核卷积所得特征张量沿第一维拼接形成更高一个维度的特征张量。

多通道卷积：在处理彩色图像时，输入的图像有 RGB 三个通道的数值，这个时候分别使用不同的卷积核对每一个通道进行卷积，然后使用线性或非线性的激活函数将相同位置的卷积特征合并为一个。

边界填充：注意到在图 8.4 中，卷积核的中心 $g(2)$ 并不是从边界 $f(1)$ 上开始扫描的。以一维卷积为例，大小为 m 的卷积核在大小为 n 的输入向量上进行操作后所得到的卷积特征向量大小会缩小为 $n-m+1$。当卷积层数增加的时候，特征向量大小就会以 $m-1$ 的速度坍缩，这使得更深的神经网络变得不可能，因为在叠加到第

$\left\lfloor \frac{n}{m-1} \right\rfloor$个卷积层之后卷积特征将坍缩为标量。为了解决这一问题，人们通常采用在输入张量的边界上填充 0 的方式，使得卷积核的中心可以从边界上开始扫描，从而保持卷积操作输入张量和输出张量的大小不变。

8.2.3 池化层

池化(Pooling，如图 8.6 所示)的目的是降低特征空间的维度，只抽取局部最显著的特征，同时这些特征出现的具体位置也被忽略。这样做是符合直觉的：以图像处理为例，通常关注的是一个特征是否出现，而不太关心它们出现在哪里，这被称为图像的静态性。通过池化降低空间维度的做法不但降低了计算开销，还使得卷积神经网络对于噪声具有健壮性。

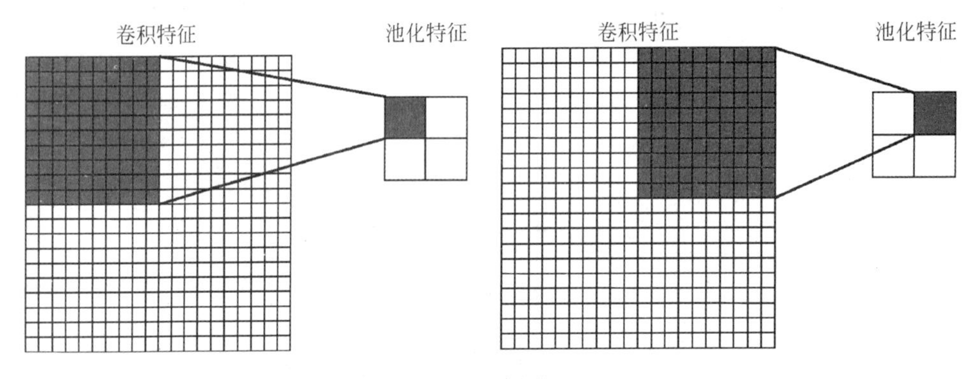

图 8.6　池化

常见的池化类型有最大池化、平均池化等。最大池化是指在池化区域中，取卷积特征值最大的作为所得池化特征值；平均池化则是指在池化区域中取所有卷积特征值的平均作为池化特征值。如图 8.6 所示，在二维的卷积操作之后得到一个 20×20 的卷积特征矩阵，池化区域大小为 10×10，这样得到的就是一个 4×4 的池化特征矩阵。需要注意的是，与卷积核在重叠的区域进行卷积操作不同，池化区域是互不重叠的。

8.2.4 卷积神经网络

一般来说，**卷积神经网络**(Convolutional Neural Network, CNN)由一个卷积层、一个池化层、一个非线性激活函数层组成(如图 8.7 所示)。

在图像分类中表现良好的深度神经网络往往由许多“卷积层＋池化层”的组合堆叠而成，通常多达数十乃至上百层(如图 8.8 所示)。

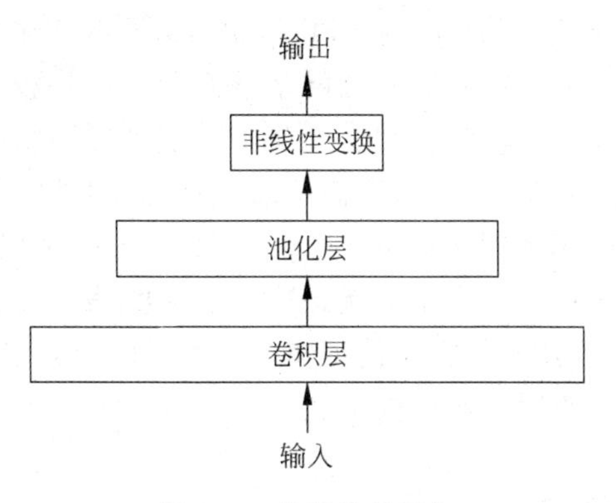

图 8.7　卷积神经网络

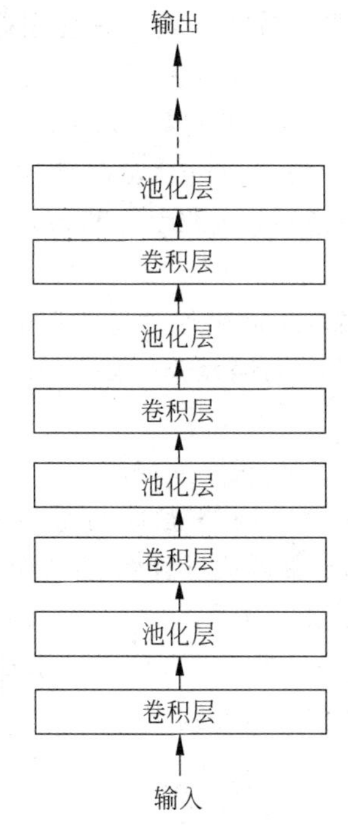

图 8.8　深层卷积神经网络

8.3　循环神经网络

迄今为止，本书中介绍的所有神经网络都有固定大小的输入，以及固定大小的输出。这在传统的分类问题上(特征向量维度固定)以及图像处理上(固定大小的图像)可以满足人们的需求。但是在另一些问题中，需要处理的对象是随时间变化的，可以表示为沿时间线展开的一个序列；如果这个序列是变长的，那么传统上固定输入的神经网络就无能为力了。这样的问题非常常见：例如，在自然语言处理中，句子是词的序列，而句子的长度是不确定的；再例如语音，也可以视为一个变长序列的问题。

为了处理这种变长序列的问题，神经网络就必须采取一种适合的架构，使得输入序列和输出序列的长度可以动态地变化，而又不改变神经网络中参数的个数（否则训练无法进行）。基于参数共享的思想，我们可以在时间线上共享参数。在这里，时间是一个抽象的概念，通常表示为**时步**（Timestep）；例如，若一个以单词为单位的句子是一个时间序列，那么句子中第一个单词就是第一个时步，第二个单词就是第二个时步，以此类推。共享参数的作用不仅在于使得输入长度可以动态变化，还在于将一个序列各时步的信息关联起来，沿时间线向前传递。

8.3.1 循环单元

沿时间线共享参数的一个很有效的方式就是使用循环，使得时间线递归地展开。形式化地可以表示如下：

$$h_t = f(h_{t-1};\boldsymbol{\theta})$$

其中，$f(\cdot)$为**循环单元**（Recurrent Unit），$\boldsymbol{\theta}$为参数。为了在循环的每一时步都输入待处理序列中的一个元素，对循环单元做如下更改：

$$h_t = f(x_t, h_{t-1};\boldsymbol{\theta})$$

h_t 一般不直接作为网络的输出，而是作为隐藏层的节点，被称为**隐单元**。隐单元在时步 t 的具体取值成为在时步 t 的**隐状态**。隐状态通过线性或非线性的变换生成同样为长度可变的输出序列：

$$y_t = g(h_t)$$

这样的具有循环单元的神经网络被称为**循环神经网络**（Recurrent Neural Network, RNN）。将以上计算步骤画成计算图（如图 8.9 所示），可以看到，隐藏层节点有一条指向自己的箭头，代表循环单元。

将图 8.9 的循环展开（如图 8.10 所示），可以清楚地看到循环神经网络是如何以一个变长的序列 $x_1, x_2, \cdots, x_n$ 为输入，并输出一个变长的序列 $y_1, y_2, \cdots, y_n$。

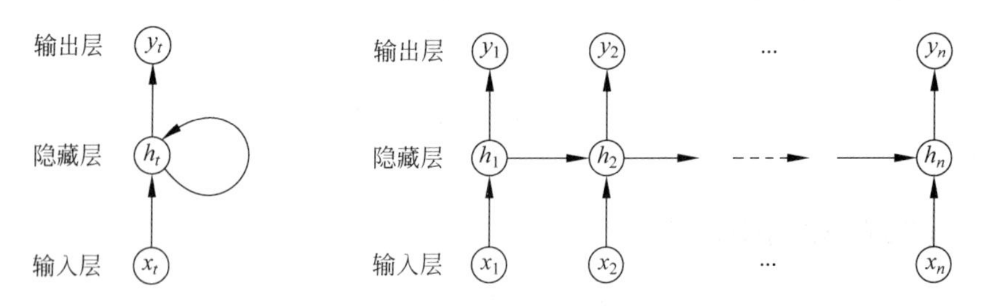

图 8.9　循环神经网络　　　图 8.10　循环神经网络展开形式

8.3.2 通过时间后向传播

在 8.3.1 节中，循环单元 $f(\cdot)$可以采取许多形式。其中最简单的形式就是使用线性变换：

$$h_t = W_{xh}x_t + W_{hh}h_{t-1} + b$$

其中，W_{xh} 是从输入 x_t 到隐状态 h_t 的权值矩阵，W_{hh} 是从前一个时步的隐状态 h_{t-1} 到当前时步隐状态 h_t 的权值矩阵，b 是偏置。采用这种形式循环单元的循环神经网络被称为**平凡循环神经网络**(Vanilla RNN)。

在实际中很少使用平凡循环神经网络，这是由于它在误差后向传播的时候会出现梯度消失或梯度爆炸的问题。为了理解什么是梯度消失和梯度爆炸，我们先来看一下平凡循环神经网络的误差后向传播过程。

在图 8.11 中，E_t 表示时步 t 的输出 y_t 以某种损失函数计算出来的误差，s_t 表示时步 t 的隐状态。若需要计算 E_t 对 W_{hh} 的梯度，需要对每一次循环展开时产生的隐状态应用链式法则，并把这些偏导数逐步相乘起来，这个过程(如图 8.11 所示)被称为通过时间后向传播(Back Propagation Through Time, BPTT)。形式化地，E_t 对 W_{hh} 的梯度计算如下：

$$\frac{\partial E_t}{\partial W_{hh}} = \sum_{k=0}^{t} \frac{\partial E_t}{\partial y_t} \cdot \frac{\partial y_t}{\partial s_t} \cdot \left(\prod_{i=k}^{t-1} \frac{\partial s_{i+1}}{\partial s_i} \right) \cdot \frac{\partial s_k}{\partial W_{hh}}$$

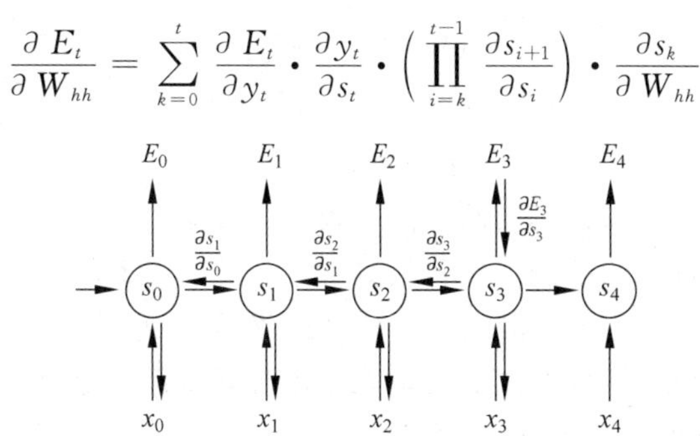

图 8.11　通过时间后向传播(BPTT)

(图片来源：http://www.wildml.com/2015/10/recurrent-neural-networks-tutorial-part-3-backpropagation-through-time-and-vanishing-gradients/)

我们注意到式中有一项连乘，这意味着当序列较长的时候相乘的偏导数个数将变得非常多。有些时候，一旦所有的偏导数都小于 1，那么相乘之后梯度将会趋向 0，这被称为梯度消失(Vanishing Gradient)；一旦所有偏导数都大于 1，那么相乘之后梯度将会趋向无穷，这被称为梯度爆炸(Exploding Gradient)。

梯度消失与梯度爆炸的问题解决一般有两类办法：一是改进优化(Optimization)过程，如引入缩放梯度(Clipping Gradient)，属于优化问题，本章不予讨论；二是使用带有门限的循环单元，在 8.3.3 节中将介绍这种方法。

8.3.3　带有门限的循环单元

在循环单元中引入门限，除了解决梯度消失和梯度爆炸的问题以外，最重要的原因是为了解决长距离信息传递的问题。设想要把一个句子编码到循环神经网络的最后一个隐状态里，如果没有特别的机制，离句末越远的单词信息损失一定是最大的。

为了保留必要的信息，可以在循环神经网络中引入门限。门限相当于一种可变的短路机制，使得有用的信息可以"跳过"一些时步，直接传到后面的隐状态；同时由于这种短路机制的存在，使得误差后向传播的时候得以直接通过短路传回来，避免了在传播过程中爆炸或消失。

LSTM 最早出现的门限机制是 Hochreiter 等人于 1997 年提出的**长短时记忆**(Long Short-Term Memory, LSTM)。LSTM 中显式地在每一时步 t 引入了记忆 c_t，并使用输入门限 i，遗忘门限 f，输出门限 o 来控制信息的传递。LSTM 循环单元 $h_t = \mathrm{LSTM}(h_{t-1}, c_{t-1}, x_t; \boldsymbol{\theta})$ 表示如下：

$$h_t = o \odot \tanh(c_t)$$

$$c_t = i \odot g + f \odot c_{t-1}$$

其中，$\odot$表示逐元素相乘，输入门限 i，遗忘门限 f，输出门限 o，候选记忆 g 分别为

$$i = \sigma(W_I h_{t-1} + U_I x_t)$$

$$f = \sigma(W_F h_{t-1} + U_F x_t)$$

$$o = \sigma(W_O h_{t-1} + U_O x_t)$$

$$g = \tanh(W_G h_{t-1} + U_G x_t)$$

直觉上，这些门限可以控制向新的隐状态中添加多少新的信息，以及遗忘多少旧隐状态的信息，使得重要的信息得以传播到最后一个隐状态。

GRU：Cho 等人在 2014 年提出了一种新的循环单元，其思想是不再显式地保留一个记忆，而是使用线性插值的办法自动调整添加多少新信息和遗忘多少旧信息。这种循环单元称为**门限循环单元**(Gated Recurrent Unit, GRU)，$h_t = \mathrm{GRU}(h_{t-1}, x_t; \boldsymbol{\theta})$ 表示如下：

$$h_t = (1 - z_t) \odot h_{t-1} + z_t \odot \widetilde{h_t}$$

其中，更新门限 z_t 和候选状态$\widetilde{h_t}$的计算如下：

$$z_t = \sigma(W_Z x_t + U_Z h_{t-1})$$

$$\widetilde{h_t} = \tanh(W_H x_t + U_H (r \odot h_{t-1}))$$

其中，r 为重置门限，计算如下：

$$r = \sigma(W_R x_t + U_R h_{t-1})$$

GRU 达到了与 LSTM 类似的效果，但是由于不需要保存记忆，因此稍微节省内存空间，但总的来说 GRU 与 LSTM 在实践中并无实质性差别。

8.4 MATLAB 深度学习工具箱简介

MATLAB 自带深度学习工具箱，同时也可以使用 matconvnet 等第三方库，导入 caffee 生成的网络。MATLAB 自带深度学习工具箱主要包括卷积神经网络和自编码

机两个算法。下面以利用 CNN 对 CIFAR-10 图片分类数据集的处理为例，简介其使用方法。

CIFAR-10 数据集是多伦多大学整理的，包含 60 000 张图片样本(如图 8.12 所示)，每张图片为 32×32 彩色(RGB3 通道)，共 10 类。数据集下载地址为 http://www.cs.toronto.edu/～kriz/cifar.html。

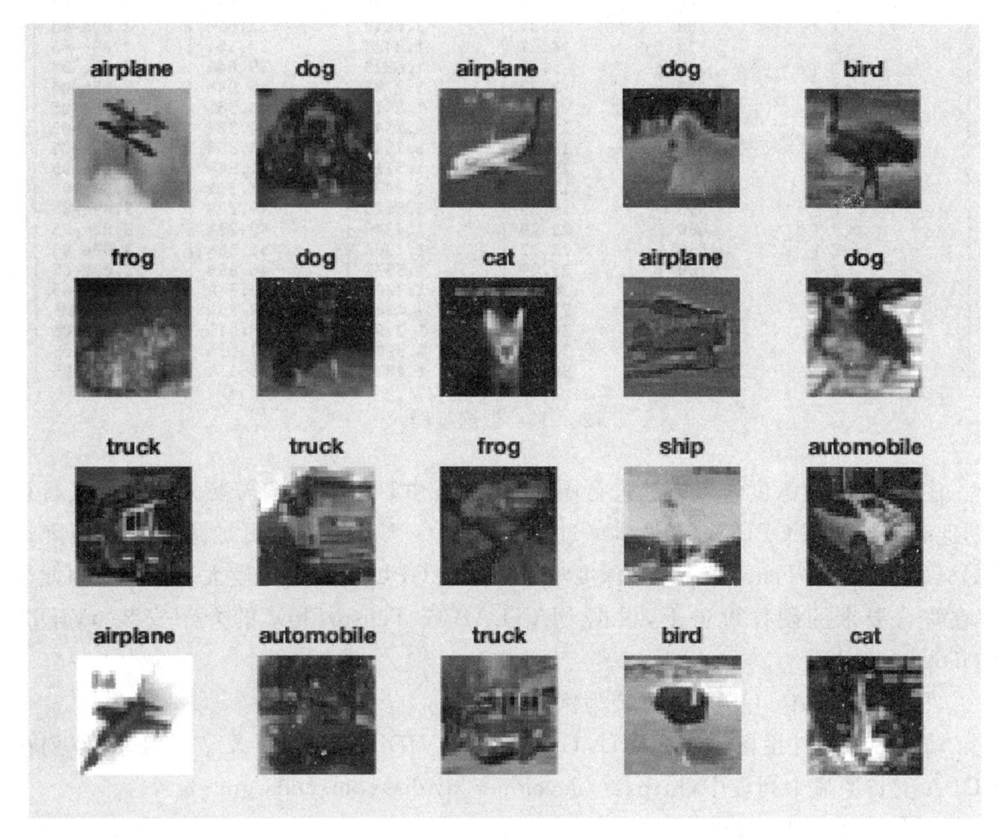

图 8.12 CIFAR-10 数据集示例

目标是构建一个简单的卷积神经网络对其进行分类。

数据已经被划分为 50 000：10 000 的训练数据与测试数据，简单起见这里不再划分验证数据集。由于网站上给出的 CIFAR-10 数据为向量形式，因此先把它转变为 32×32×3 的 RGB 三通道彩色图片，并随机挑选一些数据展示出来。

接下来定义 CNN 的各层，作为最简单的多分类 CNN，设置其共有 7 层，分别是图像输入层(设置输入图像的大小)，卷积层(设置 CNN 的 filter 的大小和数量)，relu 激活层，pooling 层(可设置矩形 pooling 区域的大小)，全连接层(设置分类数，这里是 10)，softmax 层，分类输出层。

接下来设置训练参数，采用 sgdm(带有动量的随机梯度下降)，最大迭代次数 30。

注意迭代次数过小可能学习效果不好。初始学习速率设置为 0.000 03，过大可能无法收敛，过小收敛太慢。

开始训练,并显示出训练过程,如图 8.13 所示。

```
Training on single GPU.
Initializing image normalization.
|=========================================================================================|
|     Epoch     |   Iteration   | Time Elapsed |  Mini-batch  |  Mini-batch  | Base Learning|
|               |               |  (seconds)   |     Loss     |   Accuracy   |     Rate     |
|=========================================================================================|
|             1 |             1 |         0.04 |       3.1817 |       10.16% |     3.00e-05 |
|             1 |            50 |         1.51 |       2.1173 |       25.00% |     3.00e-05 |
|             1 |           100 |         2.82 |       2.0616 |       22.66% |     3.00e-05 |
|             1 |           150 |         4.17 |       1.8474 |       37.50% |     3.00e-05 |
|             1 |           200 |         5.70 |       1.6823 |       39.84% |     3.00e-05 |
|             1 |           250 |         7.38 |       1.7798 |       35.94% |     3.00e-05 |
|             1 |           300 |         9.12 |       1.6411 |       44.53% |     3.00e-05 |
|             1 |           350 |        11.29 |       1.7545 |       34.38% |     3.00e-05 |
|             2 |           400 |        13.41 |       1.7536 |       34.38% |     3.00e-05 |
|             2 |           450 |        15.44 |       1.5718 |       51.56% |     3.00e-05 |
|             2 |           500 |        17.42 |       1.4429 |       51.56% |     3.00e-05 |
|             2 |           550 |        19.36 |       1.5026 |       49.22% |     3.00e-05 |
|             2 |           600 |        21.29 |       1.4349 |       49.22% |     3.00e-05 |
|             2 |           650 |        23.19 |       1.4968 |       51.56% |     3.00e-05 |
|             2 |           700 |        25.09 |       1.5671 |       46.88% |     3.00e-05 |
|             2 |           750 |        26.99 |       1.4249 |       52.34% |     3.00e-05 |
|             3 |           800 |        28.89 |       1.4682 |       43.75% |     3.00e-05 |
|             3 |           850 |        30.79 |       1.3192 |       53.91% |     3.00e-05 |
|             3 |           900 |        32.70 |       1.3900 |       57.03% |     3.00e-05 |
|             3 |           950 |        34.60 |       1.4837 |       53.12% |     3.00e-05 |
```

图 8.13　训练过程

注意,在利用深度学习方法进行图片分类时,由于一般模型需要大量数据进行训练,此时最好使用 GPU 来加速训练过程。因为 GPU 比 CPU 更加适合进行矩阵运算,MATLAB 或 TensorFlow 等深度学习框架在 GPU 上将会速度大幅提升。因此最好在符合要求的硬件设备上,根据 MATLAB 或 TensorFlow 的介绍安装 nVIDIA CUDA,cuDNN。

下面以在 MAC OS X 上安装为例。

请先确保硬件设备(如 nVIDIA GT 750M,nVIDIA TITAN X)符合要求,罗列在 CUDA 支持的显卡列表中(https://developer.nvidia.com/cuda-gpus)。

安装 CUDA Toolkit 8.0(http://docs.nvidia.com/cuda/cuda-installation-guide-mac-os-x/),为此,可能需要在 MAC APP Store 中安装 Xcode。同时不要忘记在环境变量中设置正确的路径。

具体操作方式为:在 terminal 中输入

```
vim ~/.bash_profile
```

然后添加:

```
PATH = "/Library/Frameworks/Python.framework/Versions/3.6/bin: $ {PATH}"
export PATH
export PATH = /Developer/NVIDIA/CUDA - 8.0/bin $ {PATH: + : $ {PATH}}
export DYLD_LIBRARY_PATH = /usr/local/cuda/lib:/usr/local/cuda/extras/CUPTI/lib
export LD_LIBRARY_PATH = $ DYLD_LIBRARY_PATH
export PATH = $ DYLD_LIBRARY_PATH: $ PATH
```

安装 The nVIDIA CUDA® Deep Neural Network library (cuDNN)(https://developer.nvidia.com/cudnn)。cuDNN 是英伟达为深度神经网络加速的库，是英伟达深度学习 SDK 的一部分。

下面给出代码。

```
%% Create Simple Deep Learning Network for Classification
close all; clear; clc;

%% Load and Explore the Image Data
batches_meta = importdata('batches.meta.mat');
data_batch_1 = importdata('data_batch_1.mat');
data_batch_2 = importdata('data_batch_2.mat');
data_batch_3 = importdata('data_batch_3.mat');
data_batch_4 = importdata('data_batch_4.mat');
data_batch_5 = importdata('data_batch_5.mat');
trainVector = [data_batch_1.data; data_batch_2.data; data_batch_3.data; data_batch_
4.data; data_batch_5.data];
trainLabels = [data_batch_1.labels; data_batch_2.labels; data_batch_3.labels; data_
batch_4.labels; data_batch_5.labels] + 1;

trainingNum = size(trainLabels, 1);
categoryNum = length(unique(trainLabels));
pixel = 32;
channel = 3;
trainImage = reshape(trainVector', [pixel pixel channel trainingNum]);
trainImage = permute(trainImage, [2 1 3 4]);

test_batch = importdata('test_batch.mat');
testVector = test_batch.data;
testLabels = test_batch.labels + 1;
testNum = size(testLabels, 1);
testImage = reshape(testVector', [pixel pixel channel testNum]);
testImage = permute(testImage, [2 1 3 4]);

clear data_batch_1 data_batch_2 data_batch_3 data_batch_4 data_batch_5 trainVector
test_batch testVector;

figure;
perm = randperm(trainingNum, 20);
for i = 1:20
    subplot(4,5,i);
    tmpImage = reshape(trainImage(:, :, :, perm(i)), [pixel pixel channel]);
```

```
    imshow(tmpImage);
    title(batches_meta(trainLabels(perm(i))));
end

figure;
perm = randperm(testNum, 20);
for i = 1:20
    subplot(4,5,i);
    tmpImage = reshape(testImage(:, :, :, perm(i)), [pixel pixel channel]);
    imshow(tmpImage);
    title(batches_meta(testLabels(perm(i))));
end

% % Define the Network Layers
layers = [imageInputLayer([pixel pixel channel])
          convolution2dLayer(5, 20)
          reluLayer
          maxPooling2dLayer(4,'Stride',4)

          fullyConnectedLayer(categoryNum)
          softmaxLayer
          classificationLayer()];

% % Specify the Training Options
options = trainingOptions('sgdm','MaxEpochs',30, ...
    'InitialLearnRate',0.00003);

% % Train the Network Using Training Data
convnet = trainNetwork(trainImage, categorical(trainLabels), layers, options);

% % Classify the Images in the Test Data and Compute Accuracy
YTest = classify(convnet,testImage);
TTest = testLabels;

accuracy = sum(YTest == categorical(TTest))/numel(TTest)

YTest = classify(convnet,trainImage);
TTest = trainLabels;

accuracy = sum(YTest == categorical(TTest))/numel(TTest)
```

8.5　利用 Theano 搭建和训练神经网络

8.5.1　Theano 简介

Theano 是一个可以定义、优化和计算涉及多维数组的数学表达式的 Python 库。它可以被用于搭建和训练神经网络，尤其是在学术研究中使用更多。

从本质上来说，Theano 是一个线性代数操作的编译器。它能与 NumPy 很好地整合，这使得编程者更加容易操作张量。实际上，熟悉 NumPy 的用户会发现它的许多函数操作与 NumPy 中的函数有着相同或相似的名字与功能；更重要的是，它可以对符号变量自动求微分。它把 Python 定义计算图编译成 C 代码，它还支持在 GPU 上运行，因此对于大型的张量运算，它的速度非常快。由于以上的这些优点，人们常常使用它来开发深度学习的项目，尽管它本身并不是一个深度学习的库。

Theano 的安装非常简单，只需要一句命令：

```
pip install Theano
```

剩下的工作就是配置 GPU 了。

详细安装教程见 http://deeplearning.net/software/theano/install.html 在此不再赘述。不建议读者在 Windows 系统上做安装 Theano 的尝试。

8.5.2　Theano 的基本使用

几乎所有 Theano 的初学者都会经历一个不适应 Theano 工作方式的过程。这是因为人们接触到的几乎所有主流编程语言都是“所见即所得”，按照其语法可以非常容易解释某个代码片段的行为。然而 Theano 并不是，它的运行分为两个阶段：第一，编译建图；第二，执行实际运算。以下举一个官方文档中的例子。

进入 Python 交互式界面。首先需要导入依赖库，Theano 及其所依赖的 NumPy：

```
>>> import numpy
>>> import theano.tensor as T
```

接下来定义一个计算图 f。我们先定义两个标量符号变量 x 和 y：

```
>>> x = T.dscalar('x')
>>> y = T.dscalar('y')
```

然后定义符号变量 z 为 x 和 y 的相加：

```
>>> z = x + y
```

计算图中所有节点都定义好之后,创建一个可调用对象 f,指定该计算图的入口节点为 x 和 y,出口节点为 z。注意,在整个计算图的数据流中,出口节点数据来源必须全部可以追溯到入口节点,并且中间每一步计算都是可以求微分的;入口节点的数据必须全部流到出口节点处,否则会报错,除非通过 THEANO_FLAGS 或向 theano.function 传参的形式将 on_unused_input 设置为 warn 或 ignore。

```
>>> f = theano.function([x, y], z)
```

以上完成了名称为 f 的计算图的定义。这个计算图的编译将在调用 f 的时候进行:

```
>>> f(2, 3)
array(5.0)
```

以上是一个最基础的例子。

神经网络本身就是一个可以由计算图表达的复杂函数,可以以类似的方式定义这样一个计算图 f 来表示任意的神经网络。只不过神经网络是带有参数的函数,训练神经网络的过程中需要更新参数。但这些区别都不影响神经网络作为一个函数的本质。

8.5.3 搭建训练神经网络的项目

根据笔者的习惯,一个深度学习项目的训练代码至少包含以下部分。

(1) 数据预处理模块;

(2) 数据准备模块;

(3) 工具函数;

(4) 神经网络中各组件;

(5) 神经网络模型;

(6) 参数优化模块;

(7) 训练过程定义;

(8) 启动脚本。

下面结合代码给予简要介绍。

1. 数据预处理模块 preprocess.py

以自然语言处理为例,语料一般是以文本的形式出现,需要将文本文件读入,处理成二进制文件,以方便训练中数据的读取。

假设 txt_file 为储存文本形式语料文件名的字符串变量,corpus_file 为储存二进制形式语料文件名的字符串变量。

首先导入必要的库:

```
import cPickle as pkl
from collections import Counter
```

建立字典：

```
word_freq = Counter([ word for word in open(txt_file,'r').read().strip().split() ])
i2w_list = ['<null>', '<unk>']
  + list( dict(word_freq.most_common(vocab_size - 2)).keys() )
w2i_dict = dict( [ (i2w_list[i], i) for i in range(len(i2w_list)) ] )
```

将文本形式的语料转换为词索引形式并输出二进制文件：

```
corpus = [ [ w2i_dict[word] if w2i_dict.has_key(word) else
              w2i_dict['<unk>'] for word in line.strip().split() ]
            for line in open(txt_file,'r').readlines() ]
pkl.dump(corpus, open(corpus_file,'wb'))
```

2. 数据准备模块 data.py

在训练中，我们需要不断地喂给神经网络训练样例，在遇到特定情况的时候还需要保存当前训练进度和恢复训练进度。因此我们定义一个 Dataset 类来做这些事情。

它应当至少包含以下两个核心方法。

(1) __init__()：用于读取包含训练数据的二进制文件，构建 Dataset 类实例。

(2) next()：用于读取下一个或下一批训练样例，进行补零、构造 mask 等操作，以使得训练数据的格式符合神经网络的输入。

3. 工具函数 utils.py

有些小型的操作，常常会用到，若写在模型中，不仅冗长麻烦，而且不优雅，影响阅读与维护。下面举三个例子(首先需要导入 numpy 库：**import** numpy **as** np)。

(1) 参数的声明与初始化。例如，权重矩阵：

```
def init_weight(size, name, scale = 0.01):
    W = scale * np.random.randn( * size).astype('float32')
    return theano.shared(W,name = name)
```

(2) 梯度截断：

```
def clip(grads, threshold, square = True):
    grads_norm2 = sum(TT.sum(g ** 2) for g in grads)
    if square:
        grads_norm2 = TT.sqrt(grads_norm2)
grads_clip = [ TT.switch( TT.ge(grads_norm2,threshold),
        g/grads_norm2 * threshold, g ) for g in grads]
return grads_clip, grads_norm2
```

(3) 矩阵沿最后一个维度的平均分割。这个操作在 GRU/LSTM 中，加速门限的权值矩阵与输入张量相乘的运算时非常有用。

```
def split(_x, n):
    # only support 3d and 2d tensors
    input_size = _x.shape[-1]
    output_size = input_size/n
    output = []
    if _x.ndim == 3:
        for i in range(n):
            output.append(_x[:,:,i * output_size:(i+1) * output_size])
        return output
    else:
        for i in range(n):
            output.append(_x[:,i * output_size:(i+1) * output_size])
        return output
```

4. 神经网络中各组件 modules.py

Theano 中关于符号变量的运算并不自带参数，且除了基本的加减乘除以外，我们需要更多复杂的带参数的操作和运算，为了方便参数的设置与管理，需要定义一些基本模块。

首先还是需要导入相关库：

```
import numpy as np
import theano
import theano.tensor as TT
```

定义一个所有组件的父类：

```
class Module(object):
    def __init__(self, name=None):
        self.name = name
        self.params = []
```

最常用的操作就是一个张量与权值矩阵的相乘，即线性变换：

```
class Linear(Module):
    def __init__(self,input_dim,output_dim,name,use_bias=True):

        super(Linear, self).__init__()
        self.name = name
        self.use_bias = use_bias
        self.W = init_weight((input_dim,output_dim), name=self.name+'_W')
        self.params += [self.W]
        if self.use_bias:
            self.b = init_bias(output_dim, name=name+'_b')
            self.params += [self.b]
```

```
    def __call__(self, _input):
        # 实现 y = x * W + b
        output = TT.dot(_input,self.W)
        if self.use_bias:
            output += self.b
        return output
```

GRU 门限循环单元的实现：

```
class UniGruEncoder(Module):

    def __init__(self, embedding_dim, hidden_dim, name):
        super(UniGruEncoder, self).__init__()
        self.name = name
        self.hidden_dim = hidden_dim

        self.W_hzr = Linear(embedding_dim, 3 * hidden_dim, name = self.name + '_W_hzr')
        self.params += self.W_hzr.params

        self.U_zr = Linear(hidden_dim, 2 * hidden_dim,
                           name = self.name + '_U_zr', use_bias = False)
        self.params += self.U_zr.params

        self.U_h = Linear(hidden_dim, hidden_dim,
                          name = self.name + '_U_h', use_bias = False)
        self.params += self.U_h.params

    def step(self, weighted_inputs, prev_h, mask = None):

        h_input, z_input, r_input = split(weighted_inputs, 3)

        z_hidden, r_hidden = split(self.U_zr(prev_h), 2)

        z = TT.nnet.sigmoid(z_input + z_hidden)
        r = TT.nnet.sigmoid(r_input + r_hidden)

        h_hidden = self.U_h(r * prev_h)

        proposed_h = TT.tanh(h_input + h_hidden)

        h = (1. - z) * prev_h + z * proposed_h

        if mask is not None:
```

```
            mask = mask.dimshuffle(0, 'x')
            return mask * h + (1. - mask) * prev_h
        else:
            return h

    def __call__(self, inputs, sent_len, init_state = None,
                 batch_size = 1, mask = None):

        init_state = TT.zeros((batch_size, self.hidden_dim), dtype = 'float32')

        weighted_inputs = self.W_hzr(inputs).reshape(
                (sent_len, batch_size, 3 * self.hidden_dim) )

        if mask is not None:
            sequences = [weighted_inputs, mask]
            fn = lambda x, m, h : self.step(x, h, mask = m)
        else:
            sequences = [weighted_inputs]
            fn = lambda x, h : self.step(x, h)

        results, updates = theano.scan(fn,
                            sequences = sequences,
                            outputs_info = [init_state])
        # Theano 中的 scan 循环

        return results
```

其他更加复杂的神经网络组件，均可如此定义。

5. 神经网络模型 model.py

在前面的工具函数和神经网络组件都定义好了之后，现在可以搭建自己的神经网络模型了。

一个模型需要加载和保存，可以将这两个方法抽取出来，写在一个公共的父类里：

```
class Model(object):

    def __init__(self, name = None):
        super(Model, self).__init__()
        self.name = name
        self.params = []

    def save(self, path):
```

```
        values = {}
        for p in self.params:
            values[p.name] = p.get_value()
        np.savez(path, ** values)

    def load(self, path):
        if not os.path.exists(path):
            return
        try:
            values = np.load(path)
            for p in self.params:
                if p.name in values:
                    if values[p.name].shape != p.get_value().shape:
                        raise IncompatibleParameterShapeError(
                            p.name,p.get_value().shape,
                            values[p.name].shape)
                    else:
                        p.set_value(values[p.name])
                        print("Loaded parameter {}, shape {} .\n" \
                            .format( p.name,values[p.name].shape ))
                else:
                    raise UndefinedParameterError(p.name)
        except UndefinedParameterError, e:
            print e.msg
            sys.exit(1)
        except IncompatibleParameterShapeError, e:
            print e.msg
            sys.exit(1)
```

然后就可以写自己的模型了：

```
class MyModel(Model):

    def __init__(self, param1, param2, ..., name):
        super(MyModel, self).__init__()
        self.name = name
        self.param1 = param1
        self.param2 = param2
        # ...

        # 实例化 modules.py 中定义的组件
        self.encoder =
            BiGruEncoder(src_vocab_size, src_embedding_dim,
                         src_hidden_dim, name = self.name + '_encoder')
```

```
        # 将该组件的参数加入到模型参数中
        self.params += self.encoder.params

        # ...

    def TrainingPhase(self):

        # 输入节点的符号变量
        self.x = TT.matrix('x', dtype='int64')
        self.y = TT.matrix('y', dtype='int64')
        self.inputs = [self.x, self.y]

        # 一系列操作
        # ...

        # 输出节点的符号变量：通常是训练损失
        self.costs = 8 …

    def TestPhase(self):

        # 测试阶段可能与训练不同
        # 例如,训练阶段负责最优化参数
        # 而测试阶段针对某个特定问题的评测指标搜索问题的局部最优解
```

6. 参数优化模块 optim. py

训练神经网络的过程，就是通过最小化训练样例的训练损失来最优化网络参数的过程。最优化参数的方法可以有很多种，例如，随机梯度下降及其变种。

优雅起见，定义一个所有优化方法的父类：

```
class Optimizer(object):
    def __init__(self, name=None):
        self.name = name
```

这里给出两种参数优化方法的实现。

带梯度截断的 SGD：

```
class SGD(Optimizer):

    def __init__(self, inputs, costs, params, learning_rate, clipping, name=None):
        self.name = name
        self.params = params

        # init_zeros()接受一个形状，返回这种形状的元素全为 0 的张量
```

```
# 可自行实现
self.grads = [init_zeros(p.get_value().shape) for p in params]

gradients = TT.grad(costs, params)
grads_clip, grads_norm = clip(gradients, clipping, square=False)

grads_upd = [(grads, new_grads)
      for grads, new_grads in zip(self.grads, grads_clip)]

# 更新梯度的计算图
# 与更新参数分开是为了在更新参数之前判断梯度是否为正负无穷大
self.update_grads = theano.function(inputs, [costs, TT.sqrt(grads_norm)],
         updates=grads_upd)

lr = np.float32(learning_rate)
delta = [lr * grads for grads in self.grads]
params_upd = [(p, p-d) for p, d in zip(self.params, delta)]

# 更新参数的计算图
self.update_params = theano.function([], [], updates=params_upd)
```

7. 训练过程定义 train.py

在有了数据准备模块、神经网络模型和参数优化模块之后，就可以定义训练过程了。

首先进行模型超参数和训练参数的设置，为方便，还可以有一个专门的Config类来对这些超参数进行控制，方便加载。

然后构建数据类，加载数据：

```
data = Dataset(data_params)
# 若要从某个记录的训练进度恢复：
if data_status:
   data.resume_status(data_status)
```

实例化模型：

```
mdl = MyModel(model_params)
# 若要从某个已保存的模型恢复训练：
if resume_model:
   mdl.load(resume_model)
```

将模型切换到训练阶段，调用计算图的定义代码：

```
mdl.TrainingPhase()
```

这个时候，训练过程中所需的计算图就被定义好了。把模型的输入节点mdl.

inputs、输出节点 mdl. costs、模型的参数 mdl. params 传给参数优化类，以便构建可调用的 theano. function 对象，也就是参数优化模块中负责更新梯度的 self. update_grads 和负责更新网络参数的 self. update_params：

```
trainer = AdaDelta(mdl.inputs, mdl.costs, mdl.params,
                   gamma, eps, clipping, name='AdaDelta')
```

只有构建了 self. update_grads 对象，在神经网络模块中 TrainingPhase()所定义的一系列运算才会被编译成计算图；在调用 update_grads()方法的时候，整个神经网络才会被真正地计算，计算梯度的过程也才会进行。也只有在调用 self. update_params()的时候，误差后向传播的过程才会进行，神经网络的参数才会真正地被更新。

接下来定义一个无限循环，不断读取下一个训练样例，计算并进行参数调整。

```
while True:
    x, x_mask, y, y_mask = data.next()
    # 检查样例有效性
    while x.shape[0] == 0:
        x, x_mask, y, y_mask = data.next()
    # 前向传播，计算梯度
    costs, grads_norm = \
        trainer.update_grads(x, x_mask, y_pad, y_mask_pad)
    # 若训练中出现 inf 和 nan，可以断定数据或模型出现了问题，中断训练
    if np.isinf(costs.mean()) or np.isnan(costs.mean()):
        mdl.save(checkpoint_model)
        sys.exit(1)
    # 后向传播误差以更新网络参数
    trainer.update_params()
```

这样，训练就会无限运行下去，除非进程收到信号。有些信号是可以捕获的，例如 SIGINT 和 SIGTERM，可以在捕获这些停止信号之后保存模型、保存训练进度，优雅地退出。

```
import signal


def grace_exit(signum, frame):
    mdl.save(checkpoint_model)
    sys.exit(0)


# capture signals
signal.signal(signal.SIGINT, grace_exit)
signal.signal(signal.SIGTERM, grace_exit)
signal.signal(signal.SIGABRT, grace_exit)
signal.signal(signal.SIGFPE, grace_exit)
```

```
signal.signal(signal.SIGILL, grace_exit)
signal.signal(signal.SIGSEGV, grace_exit)
```

当然，如果进程是被 SIGKILL 直接杀死，由于 SIGKILL 是无法捕获的，训练的进程不会有机会在终止之前有机会保存模型。

8. 启动脚本 run. sh

在命令行直接启动训练 train. py 可能会比较麻烦，因为有些环境变量需要在启动时设置，例如 PYTHONPATH、THEANO_FLAGS 等。另外，我们也希望训练、验证、测试有一个统一的入口，因此可以写一个 Shell 脚本，屏蔽冗长的环境变量和 Python 脚本的命令行参数等细节，让启动更加优雅。

```
#!/bin/sh
# 指定程序运行的 GPU 编号或 CPU
DEVICE = gpu5
# train
if [  $1  =  "-n" ]; then
    PYTHONPATH = ../ THEANO_FLAGS = floatX = float32,device = $DEVICE,lib.cnmem = 0.2,on
_unused_input = warn python train.py
fi
# validate
if [  $1  =  "-v" ]; then
    PYTHONPATH = ../ THEANO_FLAGS = floatX = float32,device = $DEVICE,lib.cnmem = 0.2,on
_unused_input = warn python validate.py
fi
# test
if [  $1  =  "-s" ]; then
    PYTHONPATH = ../ THEANO_FLAGS = floatX = float32,device = $DEVICE,lib.cnmem = 0.2,on
_unused_input = warn python test.py
fi
```

至此，一个较为简洁的深度学习项目就完成了。只需要在命令行运行：

```
./run.sh -n
```

就可以启动训练了，按 Ctrl+C 组合键会向进程发送 SIGINT，使得进程在模型保存后退出。

如果是在服务器上，还可以后台运行：

```
nohup ./run.sh -n &
```

这种方式运行的进程在退出 bash 后不会挂起，可以通过对该进程发送 SIGTERM 来结束训练，使得进程在模型保存后退出。

习题

1. 推导 Softmax 的损失函数。

2. 试讨论,为什么深度学习的一些新技术,如注意力机制(Attention Mechanism)、生成对抗网络(GAN),总是首先在计算机视觉领域出现,而自然语言处理后来才借用?

3. 阅读经典论文 https://arxiv.org/abs/1409.0473,并用 Theano 实现之。

第9章

聚 类 算 法

9.1 简介

9.1.1 聚类任务

试想读者作为银行经理，希望将客户划分成多个组别，以更好地提供服务。读者掌握客户的存款、年收入、贷款状况、购房状况、购车状况等信息，如何据此对客户进行有意义的划分？

如果使用逻辑回归(Logistic Regression)、BP 神经网络(BP Neural Network)等分类算法，需要提供预先确定的类别标签供算法学习，即“有监督学习(Supervised Learning)”。但现在却不太容易自己定义“客户类型”。

因此要借助“无监督学习(Unsupervised Learning)”中的聚类算法，如 K-均值(K-Means)、层次聚类(Hierarchical Clustering)，读者只需要提供给它们没有手动标记类别的训练样本，它们可以据此学习，并揭示数据内在的联系、规律，帮助读者进一步分析数据。

聚类一般追求的是簇内个体间距小，簇与簇间距大。注意，如果聚类中心个数为 1 或者等于个体数，都是无意义的。

9.1.2 基本表示

训练样本：每个个体的数据包含多项特征值，但缺少用户手动标注的类别信息(标签)。训练样本集合表示为$\{x_1, x_2, \cdots, x_m\}$，其中，用$m$表示总样本个数，第$i$个训练样本表示为$x_i$。每个训练样本由$n$项特征值组成。

类(组，簇，Cluster)：可能具有一定内在联系的个体群。一个类可能包含一个或多个个体。类一般不相交。聚类过程将会自动形成类，但最终该簇所具有的含义必须由聚类算法的使用者来确定。第i个类表示为c_i。类的个数一般表示为K，$K<m$。

聚类中心(Centroid)：多个个体组成的簇的中心。如果该簇只有一个个体，那么其聚类中心就位于本身。聚类中心的个数显然等于类的个数m。第k个聚类中心表示为μ_k。

如图9.1所示，假设利用收入、存款两项特征值对银行客户聚类，横纵坐标分别表征一项特征值的相对大小，每一个小点代表一个训练样本，每个大圈表示一个类，圈内的样本都隶属于该类，圈的中心即聚类中心。这里显然将所有个体分为三类。

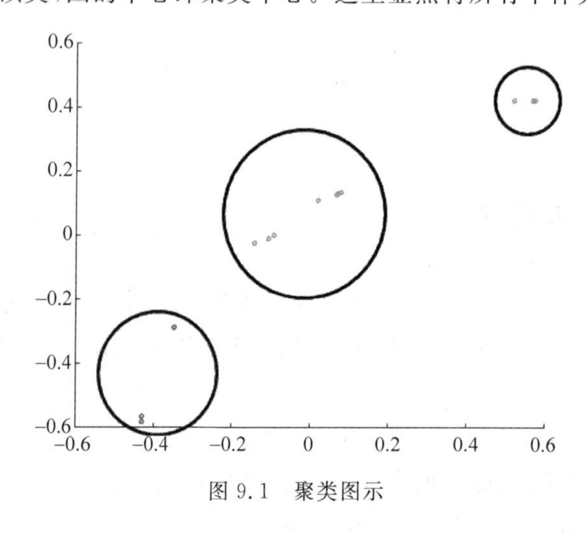

图9.1　聚类图示

个体间距离：聚类算法希望把相似的个体聚集在一起，不相似的个体划分到不同的类。因此必须有一个量来衡量两个个体之间的差异。常用的距离度量为欧氏距离，但是根据具体问题，也会用到相应合理的距离度量。

簇间距离：聚类算法希望达到"簇间距离大"的效果。两个簇各自都有多个个体，那么如何衡量这两个簇的间距呢？最直观的方法是用两个簇内的个体两两之间的距离总和的平均值作为簇间距离。也可以取两个类中距离最近的两个样本的距离作为这两个集合的距离，但是有可能据此判断距离很近的两个类，整体上看却相距很远。与上一个方法相反，也可以取两个簇里相距最远的两个点作为两个簇的距离。类似地，可能据此判定相距很远的两个簇，实际上从整体上来看相距已经很近了。簇间距离的判别在层次聚类算法中非常重要。

9.2　K-Means 算法

9.2.1　算法简介

要使用 K-Means 算法，用户需要预先指定聚类个数 K。K-Means 算法将会初始给出 K 个随机的聚类中心。

为了得到“簇内距离小，簇间距离大”的聚类效果，K-Means 的做法是最终找到 K 个合适的聚类中心，来最小化平方误差：

$$J = \frac{1}{m}\sum_{i=1}^{m} \| x_i - \mu_c^i \|^2$$

为此，K-Means 采取的是贪心的策略来求近似解，不断地把每个个体分配至距离它最近的那个聚类中心，然后移动每个聚类中心到它所代表的这个类的中心。随后算法重复：分配聚类中心，移动聚类中心。通过多次迭代来减小平方误差。

注意，有时用户自己并不知道合适的 K 应该为多少，稍后会提到一些方法来自动确定 K。

9.2.2　算法流程

1. 初始化 *K* 个聚类中心

为了保证聚类中心位于确实有意义的位置，我们从样本集 $\{x_1, x_2, \cdots, x_m\}$ 中随机选择 K 个个体作为聚类中心 $\mu_1, \mu_2, \cdots, \mu_K$，而不是完全随机地给定聚类中心的位置。

如果关于训练样本有一些先验知识，或已经预先知道了 K 个聚类中心的大概位置，用户也可以指定聚类中心位置。合适的初始设置将会极大改善最终聚类的效果，并提高聚类算法的效率。

注意，由于 K-Means 算法的寻优采取的是贪心策略，较容易陷入局部最优，因此算法对于初始聚类中心的位置非常敏感，同样的训练样本集和同样的 K，最终经常得到不同的聚类结果，MATLAB 代码示意如下：

```
function centroids = kMeansInitCentroids(X, K) % 给定训练样本和聚类个数 K,随机生成
                                               % 初始聚类中心
    randidx = rand_permutation(m);             % 将所有 m 个样本的序号随机排列
    centroids = X(randidx(1:K), :);            % 取出前 K 个序号的样本作为初始的聚类中心
end
```

此外，对于初始聚类中心位置的选取，也可以计算所有训练样本的均值，在它们附近随机选取一些位置作为初始聚类中心。

2. 为每个个体分配聚类中心

为了逐步减小平方误差值 J，我们为所有 m 个个体寻找到离它最近的聚类中心，并为此个体标注其所属的类。为下一步移动聚类中心至合适的位置打基础。

这里，个体到聚类中心的距离用平方误差计算：$\|x_i-\mu_k\|^2$。

```
function idx = findClosestCentroids(X, centroids)
for i = 1:m
    minDistance = 9999999;
    for j = 1:K
        dis = X(i,:) - centroids(j,:); % 计算该个体与每个聚类中心的欧氏距离
        dis = dis * dis';
        if dis < minDistance
            minDistance = dis;
            idx(i) = j;                 % 如果第 j 个聚类中心聚类第 i 个个体最近,那
                                        % 么标注该个体属于第 j 个类
        end
    end
end
end
```

3. 移动聚类中心

在设置完初始聚类中心后，每个簇内仅有一个个体，这时显然聚类中心就位于该簇的中心位置。但加入其他的个体后，聚类中心就需要移动其位置以保证自己位于簇的中心。

```
function centroids = computeCentroids(X, idx, K)
for j = 1:K
    belong = find(idx == j);              % 找到有哪些个体从属于第 j 个聚类中心
    for i = 1:length(belong)
            assign = assign + X(belong(i), :);
    end
    centroids(j,:) = assign/length(belong);    % 求出所有属于这个聚类中心的个体的
                                               % 均值向量(新的中心位置)
end
end
```

4. 迭代

算法不断重复第 2、3 步骤，直到达到停止条件（用户设置的最大迭代次数，或者两次迭代并未改变聚类结果等）。

```
function [centroids, idx] = runkMeans(X, K, max_iters)
```

```
centroids = kMeansInitCentroids(X, K);
for i = 1:max_iters
    idx = findClosestCentroids(X, centroids);
    centroids = computeCentroids(X, idx, K);
end
end
```

9.2.3 K-Means 的一些改进

聚类中心可以动态添加、删除。显然，如果在 K-Means 迭代过程中，有的聚类中心不包含任何个体了，那么它或许可以被删除。为了保证指定的 K 不变，还可以另外寻找一个随机位置放置该聚类中心。

如果有的个体偏离已有聚类中心很远，那么可以为其单独设置一个聚类中心。

此外，如果一个类包含过多的个体，那么它可以被继续划分为两个、多个类。稍后提到的 X-Means 方法就用到了该思想。

9.2.4 选择合适的 K

在聚类中判断合适聚类个数最直接的方法是观察样本的可视化图，然后手动选择合适的 K。或者根据用户需求，设置合适的 K。

以上面给出的银行用户聚类应用为例，同样的训练样本，也许银行经理想把他们分为两类：普通客户与金牌客户，如图 9.2 所示。

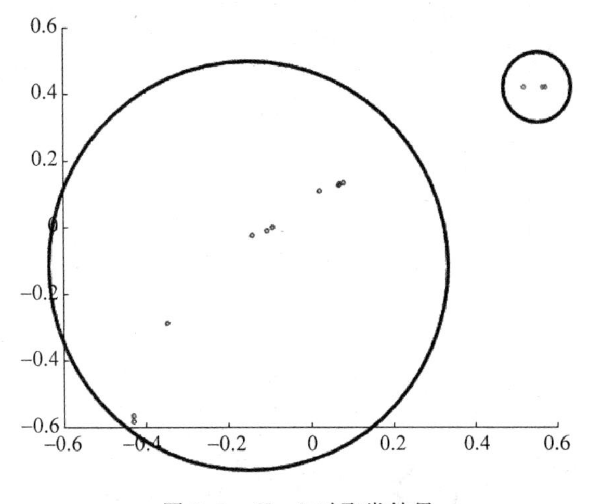

图 9.2 $K=2$ 时聚类结果

也有可能是三类：普通客户，银牌客户，金牌客户；四类、五类如图 9.3～图 9.5 所示。

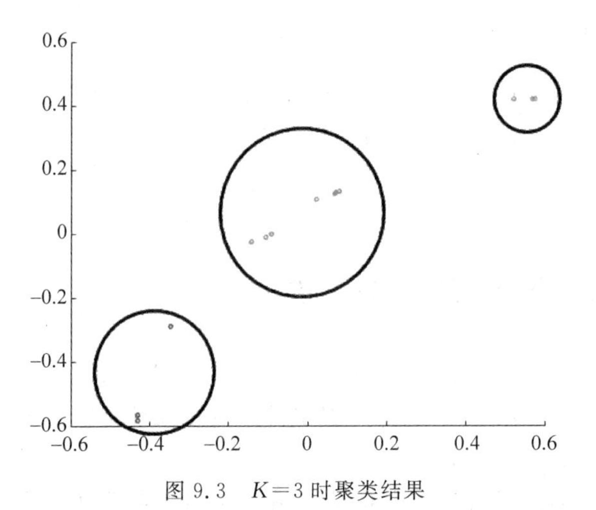

图 9.3　$K=3$ 时聚类结果

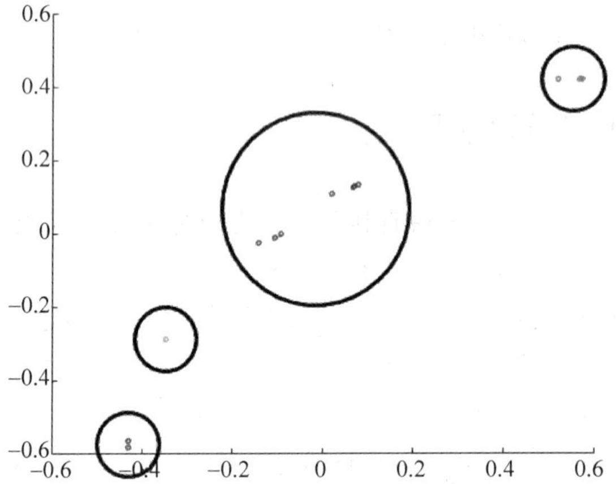

图 9.4　$K=4$ 时聚类结果

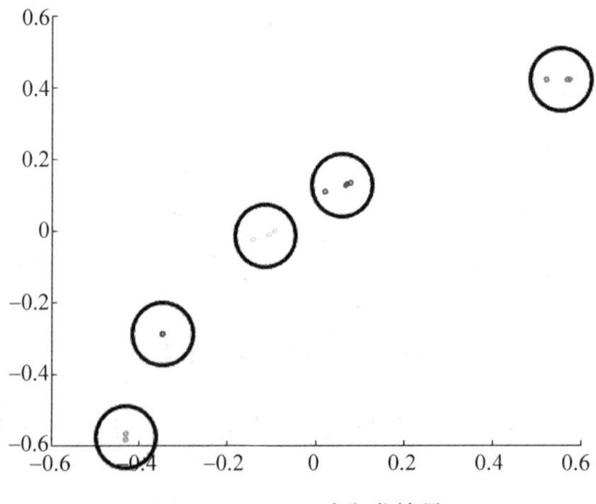

图 9.5　$K=5$ 时聚类结果

此外，还有一些方法可以帮助我们选择合适的 K，例如肘部法则。

根据 K-Means 聚类算法的原理，如果 $K=1$，那么代价函数为最大，如果 $K=$个体数，那么显然代价函数为 0，即 K 从 1 到最大，代价函数会不断减小。

但在某个 K 取值之前，可能全局代价函数在快速减小，而之后则减小速度变慢。肘部法则认为该 K 很可能为合适的 K。

肘部法则只能在一定程度上辅助我们确定合适的 K，并不总能给出最佳结果。

9.2.5 X-Means

K-Means 算法结构简单，而且应用广泛，但是它的聚类数 K 必须由用户指定，而有时用户很难自己给出合适的 K。同时，K-Means 的寻优策略也导致它对初值十分敏感，很容易陷入局部最优。

Dan Pelleg 和 Andrew Moore 提出了一种自动计算合适的聚类个数的方法，K-Means 的扩展版本为 X-Means①。相比于多次尝试不同 K 值下的 K-Means 来选择合适 K 的传统方法，X-Means 更加高效。

用户需要给定的不再是一个固定的 K 值，而是 K 的大概范围。X-Means 算法先按照范围下限运行普通的 K-Means 算法。

随后，X-Means 尝试将每个簇的聚类中心分离成两个。一个聚类中心随机向某方向移动一段距离(但不能越过本簇的范围)，另一个聚类中心向相反方向移动相同的距离。

在簇内，以当前两个子聚类中心，运行 $K=2$ 的局部 K-Means。相当于两个聚类中心开始互相竞争，捕捉簇内的个体。

簇内的 K-Means 算法停止后，X-Means 采用一种模型评估方法（Bayesian Information Criterion，这里只是简单描述 X-Means 算法流程，拓展读者对于 K-Means 的理解和应用能力，不再详述 BIC 方法，具体请查阅原文献），判断现在两个聚类中心是否比原本一个聚类中心更合理地组织了簇内的个体。如果是，则保留现状，对全局来说 K 的值加 1；反之，则退回一个聚类中心的情况。

算法将会不断迭代，为所有的新产生的簇划分聚类中心、评估模型好坏，直到总聚类数达到上限。

X-Means 覆盖了搜索空间中全部的 2^K 种可能的分割情况，并且通过每次局部地改进 BIC 指数来为全局寻找合适的聚类中心个数。寻找合适 K 的算法复杂度仅为 $O(K)$。

---

① Pelleg D, Moore A W. X-Means: Extending K-Means with efficient estimation of the number of clusters [C]//lcml. 2000,1: 727-734.

9.3 层次聚类

层次聚类提供了另一种思路来帮助用户判断合适的聚类个数。

层次聚类将所有个体各自看成一类，即共有 m 个簇。然后，计算每个簇与其他所有簇之间的距离，把最相似的两个簇合并成一个簇，此时共有 $m-1$ 个类。

随后，算法不断重复以上过程，直到最后把所有个体归为一类。

层次聚类一次性、自下而上地绘制出了一个“聚类树状图”，两个簇连接在一起，即表示在某次迭代中，这两个簇间距最小，被认为是相似的可以合并。两个簇在树状图中多高的位置连接，就代表这两个簇间距有多大，如图 9.6 所示。

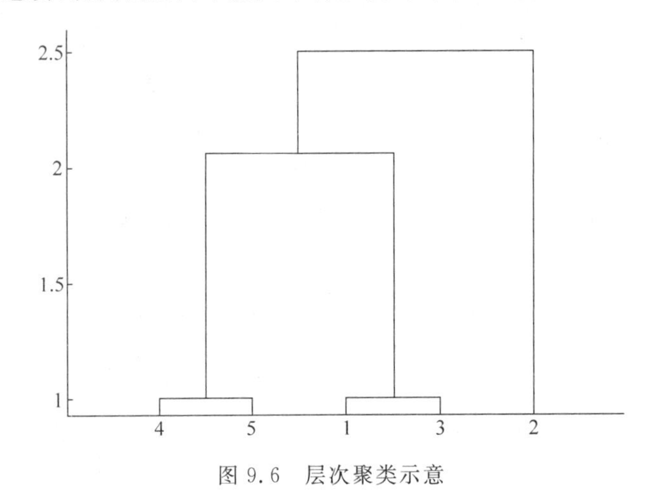

图 9.6　层次聚类示意

一次性得到聚类树状图后，用户可以观察类与类的距离，自行选择 K，而且不需要重复进行聚类计算。比如，用户可以确定类与类之间的距离小于多少，则可以合并。形象地说，就好比用户在上面的树状图的竖轴某个位置向右横切一刀，切断了多少条线，那么就得到多少个类。如果用户提前确定了两个类之间的最大允许距离，那么层次聚类在发现所有簇当中最近的两个簇间距已经超过最大允许值时，迭代就可以停止了。

需要注意的是，层次聚类需要大量的距离计算，效率较低。

9.4 聚类算法拓展

9.4.1 聚类在信号处理领域的应用

本节介绍聚类算法在信号处理分离领域的应用，作为读者对聚类算法应用的一个拓展阅读。

在信号处理领域,一个经常使用的操作是利用独立成分分析算法处理混杂的观测信号,得到原始信号。但由于真实源信号是未知的,ICA 得到的估计成分的可靠性也难以评估。

为了解决该问题,文献 ICASSO[①,②]提出,设置不同的初始值进行多次 ICA,利用互信息对所有的估计成分进行聚类。从统计角度来看,结合紧密的信号簇为可靠性较高的估计成分;相反,那些没有隶属于紧密信号簇的估计成分往往是不可靠的估计。

这里,ICASSO 即利用了聚类算法可以无监督地发现数据之间关联的特性。

9.4.2 以语义聚类的形式展示网络图像搜索结果

大家都在百度或 Google 上检索过图片。网络图像搜索引擎根据用户输入的文本信息在网络中进行查找。但是,用户给定的检索关键字往往非常短(两三个词汇),且具有歧义。例如,用户在检索有关"苹果"的图片时,可能指的是苹果公司,或 iPhone 手机,也可能指的是苹果这种水果。"老虎"可能指的是动物老虎,也可能是著名高尔夫球选手 Tiger Woods。在没有任何先验知识的情况下,搜索引擎返回的图片集很可能是庞大且繁杂的,用户体验差。

聚类算法可以帮助我们整理繁杂的搜索结果,给用户更合理的搜索建议,提升用户友好性。研究者们提出了一个网络图像搜索结果语义聚类的框架——IGroup[③,④],用于克服将查询请求标准化的困难,并且为用户提供搜索建议,该框架的效率、图片搜索结果覆盖度,以及用户使用满意度都被实验所证明。

IGroup 框架有两个主要操作步骤,学习得到候选图片聚类的名称,合并调整聚类名称。其思想非常简单,就是借助网络搜索引擎发现用户可能关注的主题究竟是什么。先对用户的检索关键词进行一步检索,将检索结果进行分词处理,提取与待检索图片相关的主要词汇。对每个词汇计算定义好的特征,如词汇出现频率、词汇长度等。据此,作者可以根据预训练好的模型将主题词汇进行重要程度打分,选取排名靠前的几个作为用户最可能关注的主题。得到备选的主题后,再根据同义词等规则,将聚类的名称进行修剪,合并同义词、去除可能无用的聚类。

网络上的图像一般会与大量文本数据一同出现,这些文本数据可以作为图像数据的元数据。我们利用刚才得到的文本关键词聚类结果,再次利用网络搜索引擎进行图

---

① Himberg, Johan, Aapo Hyvärinen, and Fabrizio Esposito. "Validating the independent components of neuroimaging time series via clustering and visualization." Neuroimage 22.3 (2004): 1214-1222.

② Himberg, Johan, and Aapo Hyvarinen. "Icasso: software for investigating the reliability of ICA estimates by clustering and visualization." Neural Networks for Signal Processing, 2003. NNSP'03. 2003 IEEE 13th Workshop on. IEEE, 2003.

③ Jing F, Wang C, Yao Y, et al. IGroup: web image search results clustering[C]//Proceedings of the 14th ACM international conference on Multimedia. ACM, 2006: 377-384.

④ Wang S, Jing F, He J, et al. Igroup: presenting web image search results in semantic clusters[C]//Proceedings of the SIGCHI conference on Human factors in computing systems. ACM, 2007: 587-596.

片搜索。

据此,我们可以从用户输入的简单的关键词,猜测出了用户可能关注的主题,并且聚成不同类别进行检索,为用户分类展示出来。IGroup 设计了方便用户查看的类别展示界面,用户可以快速筛选自己期望的图片。

界面左侧的拖动栏中给出了关于 tiger 的不同主题聚类结果,有运动员老虎伍德、不用种的老虎等。当用户单击组别标签时,在界面右侧为其展示该组别下的图片。对比原来杂乱无章的图片检索结果,用户友好性显著提升。

现在,Google、百度搜索也应用了类似方法,如图 9.7 所示。

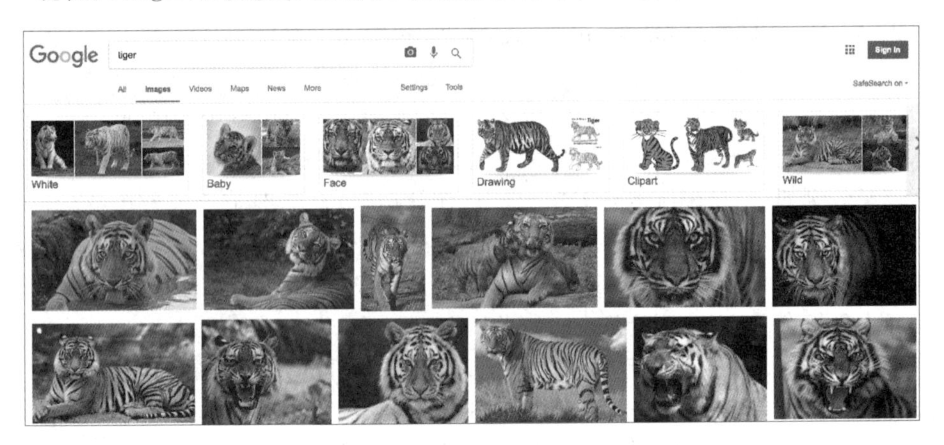

图 9.7 Google 图片搜索界面

习题

1. 尝试亲自实现 K-Means 代码,查看对样本数据能否得出合理的聚类结果。

2. 可不可以使用其他寻优方法代替 K-Means 中使用的贪心策略?如果把 E 直接作为遗传算法的目标函数,来寻找合适的聚类结果,是否可行?

3. 计算机中的彩色图片是由很多像素点组成的,每个像素点由三个色彩数值记录。能否应用 K-Means 压缩图片?

4. 自顶向下的层次聚类应该如何实现?

5. 如果使用 K-Means 算法,利用银行客户的各项数据,对它们进行聚类,但聚类结果感觉不太理想,意义不太明确。这时应该怎么做?(增加用于聚类的用户数据,调整初值多次尝试,调整不同的 K 值,结合专家经验等。)

第10章

寻优算法之遗传算法

10.1 简介

10.1.1 算法起源

生物学告诉人们：基因是控制生物性状的基本遗传单位，储存了生命的全部信息。每个生物个体都拥有自己的基因序列。遗传过程中，个体的基因进行不同的复制、交叉、变异操作，把自己的片段留给后代。种群中那些具有能适应环境的有利变异的个体更容易存活下来并繁殖，而拥有差的基因的个体则慢慢被淘汰。环境和遗传互相依赖，演绎着生命的进程，指导着生物种群向更优秀的方向发展。可以看到，本质上生物界的自然选择与遗传机制就是一种自适应的随机搜索算法，而且具有很好的鲁棒性。

10.1.2 基本过程

遗传算法(Genetic Algorithm, GA)是一种人工模拟生命进化的学习方法，最初的算法由 John Holland 于 20 世纪 70 年代初期提出。遗传算法是对达尔文生物进化理论的简单模拟，遵循“适者生存，不适者淘汰”的原理。通常用来求解无约束和有约束的非线性优化问题。标准优化算法难以解决的目标函数不连续、不可微分、随机或高度非线性的问题，遗传算法也可以进行求解。遗传算法模仿生物进化的方式，交叉、变异当前最适应环境的一批个体，进而生成后续个体。

遗传算法的进程分为多个迭代。在每一次迭代中，群体中的个体会按给定的适应度评估方法计算其当前适应度，根据适应度相应的概率获得繁殖的权利，即优秀的父代个体繁殖的概率更高，被选中的父代个体交叉产生携带旧基因片段的子代新个体。有一小部分子代个体还会进行变异，直接修改个别基因位。通过交叉、变异产生的子代个体共同组成新种群，进行下一轮迭代。当优化目标达到指定要求时停止迭代，算法结束。遗传算法所维护的种群演化为了其所寻找到的最优解。

相比于其他随机搜索算法(如模拟退火)，遗传算法在每次迭代中维护的是一组解，而不是一个解，种群中的最优解即代表当前所寻找到的最优解，而且每次迭代中种群的生成过程都是随机的。

10.1.3 基本表示

适应度：每个个体在当前环境下适应程度的数字度量，即针对给定寻优问题，每种解的优秀程度。

适应度函数：适应度函数是期望优化的函数，代表了要解决的优化问题。根据每个基因位的值计算评估该个体的表现好坏的函数，即衡量解决方案的优劣。适应度的评估函数确定了具体的寻优问题。需要区分适应度函数与寻优问题的目标函数，可能需要对目标函数做一定变形(如添加负号等)来得到合适的适应度评估函数。例如，$f(x_1,x_2)=(x_1-1)^2+(x_2-2)^2, x_1,x_2\in\{-3,-2,-1,0,1,2,3\}$作为一个待寻找最大值的问题就可以直接作为适应度函数(但 MATLAB 的 GA 工具箱默认寻找最小适应度，这时就需要对原函数做变换，例如取反)。

基因：每个基因代表着寻优问题中一个参数的值。寻优问题往往有多个参数，因此每个个体也有多个基因位。

个体：代表搜索空间上的一个点，即对给定问题的一组完整解。我们通常使用一个由 0 和 1 组成的二进制串来代表一个个体，二进制串上的每个数字都代表一个基因位。对于上面提到的适应度函数 $f(x_1,x_2)$，(2,3)就可以是一个个体，它有两个基因位。

种群：指代所有个体的集合。生物的进化以种群的形式进行。在遗传算法中，群体大小(个体的总数)在多次迭代里一般是固定不变的。在一个种群中可以有多个一样的个体。

交叉：两个个体的基因在某些位置切断，互相交换基因片段，产生新的个体的过程。优秀的父代往往有更大的机会繁殖，将自己的基因通过交叉遗传给后代。

变异：遗传过程中有可能产生一些差错，导致个别基因位变化，适应度也随之改变。变异可能是有害的，也可能是有益的。

10.1.4 输入输出

输入：根据具体问题的编码方式(如待寻优问题是 01 背包问题，则可采用二进制字符串编码，0代表不取物品，1代表取物品，010代表只取第2个物品，以此类推)，与寻优问题对应的适应度函数，对变量区间范围的限制，对算法的精度要求(停止迭代时需达到的适应度等)，群体的大小(个体数)，进行交叉操作的个体所占群体比例，个体变异的概率，变异步长，一般寻优算法限制(最大迭代次数、算法最长运行时间等)。

输出：在输入的限制下，遗传算法最终找到的最优秀的个体及适应度。

10.1.5 优缺点及应用

在编码方案、适应度函数等设置好后，遗传算法寻找最优解的过程是自适应、启发式的，不需要其他指导。即遗传算法是非常普适的，即使你对所寻优的目标函数了解不多，它一样可以帮你寻找到一个较高质量的结果。

遗传算法易于并行化，进而降低使用计算机硬件的预算。

遗传算法的目标函数不受连续、可微等条件的约束，适用范围很广。

使用遗传算法解决寻优问题，只需要修改适应度函数、针对具体的问题重新进行基因编码，而不需要对遗传算法本身做任何修改。

遗传算法的全局搜索能力较弱，很容易较早地陷入局部最优。

遗传算法本身非常简单，而且已经被成功应用于许多问题，如函数优化、模式识别、优化人工神经网络学习参数、自适应控制等，大大提高了这些优化问题的求解效率。

例如对于神经网络，相邻两层神经元之间的网络连接权值作为多个待寻优参数可以组成遗传算法中的一个个体，适应度函数指定为神经网络在训练集上的精度，那么遗传算法就可以帮助我们寻找一组合适的神经网络层间权值。

10.2 算法原型

算法采取模拟生物进化的策略，其维护一个包含多种可行解的群体，来执行多方向随机搜索。

在使用遗传算法寻优之前，先需要对具体的问题设定合适的编码方案。例如，对于寻找函数最小值的问题 $f(x_1,x_2)=(x_1-1)^2+(x_2-2)^2$，$x_1,x_2\in[0,1,2,3,4,5]$，可以直接选用二进制编码来表示个体。

整体算法流程如图10.1所示。

10.2.1 初始化

在做好准备工作(如设定编码方案、算法停止条件)后，算法将会在给定范围内随机生成一个种群。给定数量 n 个个体(可行解)被随机地撒在搜索空间里。

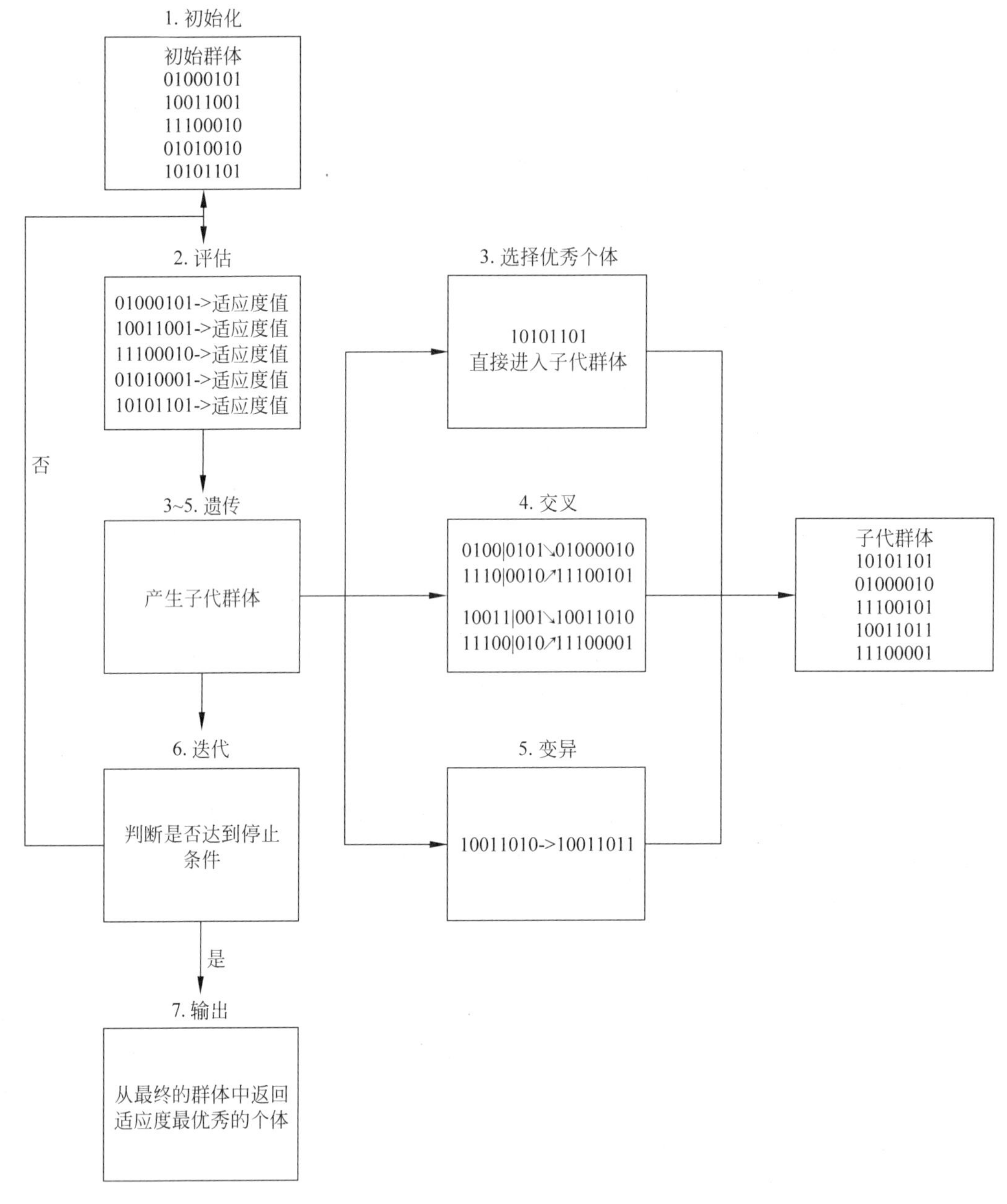

图 10.1　遗传算法流程

群体中包含的个体数越多，一开始便越容易有个体得到高适应度。

10.2.2　评估

适应度函数 fitness()对所有个体 i 的染色体X_i 进行评估，计算出每个个体在当前环境下的优秀程度 f_i。

$$f_i = \mathrm{fitness}(X_i)$$

下面开始利用父代群体产生子代群体。在每次迭代中，群体的大小保持恒定。并且，子代群体有三种产生方式：直接进入子代群体的优秀个体、由父代个体交叉产生的个体、交叉后变异产生的个体。

```
function fitness = evaluate(population)
    for i = 1 : n_population
        fitness(i) = ObjectiveFunction(individual(i));
    end
end
```

10.2.3　选择优秀个体

采用轮盘赌随机算法，按照适应度越高，被选中概率越大的原则，挑选出一定比例 $r_{\text{excellenct}}$ 的优秀个体，直接进入子代群体。与自然界自然选择的过程稍有不同，这是为了尽可能保留每次迭代中群体里已经找到的优秀个体，避免被交叉、变异过程破坏。

每个个体被选中的概率 p_i 为

$$p_i = \frac{f_i}{\sum_{i=1}^{n} f_i}$$

下面看一个具体的轮盘赌的例子。

如果种群中共有 4 个个体，其适应度计算出来分别是 1、2、4、5，那么它们被选中的概率分别为 $\frac{1}{12}$，$\frac{2}{12}$，$\frac{4}{12}$，$\frac{5}{12}$。

随机产生一个大小在[0,1]的浮点数，如果它落在 $\left[0,\frac{1}{12}\right]$，则选取第 1 个个体；如果它落在 $\left[\frac{1}{12},\frac{3}{12}\right]$，则选取第 2 个个体；以此类推。

自然界中越优秀的个体越容易繁殖后代。在遗传算法中，我们也不是直接选用所有高适应度的个体，而是按随机算法给予所有个体繁殖的机会。这是为了避免群体立刻被初始适应度高的个体后代占领，即避免算法快速陷入局部最优。即强调概率转换规则，而不是确定的转换规则。

此外还有其他常用的选择策略，如排序选择法。群体中所有个体按照适应度排序，其被选中的概率与它的排名成比例，而不是直接与适应度的大小成比例。

锦标赛策略：

```
function SelectedIndividual = RouletteWheelSelect(population, fitness)
    interval(0) = 0;
    for i = 1 : n_population
```

```
            probability(i) = fitness(i) / sum(fitness);
            interval(i) = sum(probability(1:i - 1)) + probability(i);
            % interval(i) 表示第 i 个个体所可能被选取的区间的后端
        end % for
        num = random_float(0, 1);
        for i = 1 : n_population
            if num >= probability(i - 1) && num <= probability(i)
                SelectedIndividual = i;
            end
        end % for
    end % function
```

10.2.4 交叉

类似于选择优秀个体的过程，继续按照概率方法从父代群体中选择比例$r_{crossover}=1-r_{excellenct}$的个体两两配对，交换信息。值得注意的是，一个父代个体是有可能被选中多次的。交叉运算在遗传算法中起关键作用，是产生新个体的主要方法，它从不同父代个体上提取优秀基因并且重新组合得到潜在的优秀子代。交叉可以有多种不同方式，常用的有以下几种。

(1) 单点交叉：将两个父代个体在同一随机位置截断交叉。如 00010 ‖ 110111 与 11110 ‖ 101010 交叉后得到子代 00010101010，11110110111。

(2) 两点交叉：将两个父代个体在两个相同的随机位置截断，互相交换中间的基因。如 00 ‖ 01011 ‖ 0111 与 11 ‖ 11010 ‖ 1010 交叉后得到子代 00110100111，11010111010。

(3) 均匀交叉：在两个父代个体上均匀随机选择一些基因位进行交叉。如 0 ‖ 00 ‖ 101 ‖ 1 ‖ 01 ‖ 11 与 1 ‖ 11 ‖ 101 ‖ 0 ‖ 10 ‖ 10 交叉后得到子代 01110111011，10010100110。

```
function NextGeneration = OffspringFromCrossover(NextGeneration)
    while(n_population * r_crossover -= 2)
        parent1 = RouletteWheelSelect();
        parent2 = RouletteWheelSelect();
        location = random_int(1, length_individual - 1);
        offspring1 = parent1(1:location) + parent2(location + 1 : end);
        offspring2 = parent2(1:location) + parent2(location + 1 : end);
        NextGeneration = NextGeneration + offspring1 + offspring2;
    end % while
end
```

10.2.5 变异

在子代群体中挑选一小部分$r_{mutation}$个体，随机选取一些基因位进行变化。

变异决定了遗传算法的局部搜索能力，同时保持物种群的多样性。它可能导致个体的适应度变差，但同时也为寻找到更优秀解增加了可能。交叉与变异运算相互配合，共同完成对搜索空间的全局搜索和局部搜索。

变异个体所占群体全部个体的比例不应太高。变异率越高，群体的变化也就越活跃，有可能丢失最优解。变异率太高，则遗传算法就退化为随机搜索。变异率越低，群体找到最优解就越慢，降低了搜索能力。

对二进制表示的个体，变异的常用方法主要是随机选取一个位取反。如00010110111变异后得到新个体00010100111。

对浮点数表示的个体，变异的一般过程是对原来的数增加或减少一个小随机数。改变的幅度大，则群体进化速度快，搜索空间大；改变的幅度小，则算法易于收敛到精确的点上。遗传算法中常见的做法是采取动态改变步长的方法，在算法运行前期使用大幅度变异，后期使用小幅度变异。

```
function NextGeneration = OffspringFromMutation(NextGeneration, r_mutation)
    for i = 1 : n_population
        if random_float(0, 1) <= r_mutation
            location = random_int(1,length_individual);
            NextGeneration(location) = 1 - NextGeneration(location);
        end
    end
end
```

10.2.6 迭代

新的群体产生后，算法继续重复选择、遗传迭代，直到算法满足停止条件，如达到适应度要求，或达到了最大迭代次数。

例如，连续多次迭代内出现的最优个体的适应度都相近(变化幅度小于一个设定阈值)，则算法很可能已经寻找到最优解，则可以终止运算。也可以针对具体问题按照经验的方法固定迭代次数。

```
function (BestSolution, BestFitness) = GeneticAlgorithm(ObjectiveFunction, n_population)
    for i = 1 : n_population
        initialize(population(i));
    end
    do
        fitness = evaluate(population);
```

```
        NextGeneration = ∅;
        while(r_excellent * n_population -- )
            Generation = Generation + RouletteWheelSelect(population, fitness);
        end
        while(r_crossover * n_population -= 2)
            NextGeneration = OffspringFromCrossover(NextGeneration);
        end
        NextGeneration = OffspringFromMutation(NextGeneration, r_mutation);
        population = NextGeneration;
    while (CheckStoppingConditions());
    (BestFitness, i) = max(fitness);
    BestSolution = population(i);
end
```

注：以上伪代码是基础普适的代码，只涵盖了二进制编码下的轮盘赌算法、单点交叉运算、单点取反变异运算，展示基本的遗传算法结构，没有包含越界检查等细节。

回顾整个遗传算法，可以看到，算法本身并没有针对特定寻优问题做出任何指导，它所做的仅仅是挑选优秀个体。算法的使用者不需要知道如何解决问题，遗传算法会帮助他找到较优解。

10.3 算法拓展

10.3.1 精英主义思想

遗传算法中的子代群体，主要是根据适应度按概率方法从父代种群中选取一些个体产生的。很有可能在交叉、变异的操作中，已经在中间迭代中发现的最优解被破坏了，得到了一些不如父代的个体。

精英主义的思想是，在每次产生新种群时，把父代种群中的部分最优解直接复制到子代群体里，或者按照概率选择方法保留一部分个体。

精英主义可以尽可能保留遗传算法中间迭代过程中已发现的最优解，并且大幅加快了算法的运算速度。

只要启用了精英主义策略，每次迭代都选择至少一个最优个体进入子代群体，则算法每次迭代都只会保持当前最优解或找到更好的解，而不会丢失已找到的最优解。

10.3.2 灾变

遗传算法的局部搜索能力很强，但全局搜索能力较弱，容易陷入局部最优解跳不出来。这是因为在根据适应度的概率选择方法产生后代的规则下，优秀个体的后代很容易就占领种群。

在自然界中，是强势物种的大面积灭绝才给予了其他动物充分进化的机会。在遗传算法的改进方法中，也可以采用灾变的思想，如果在多次迭代中最优解仍没有变化，则认为当前已陷入局部最优，我们就杀死一定比例的最优个体，给远离当前最优解的个体有更大的机会被选中，能通过交叉进入后代群体，借此希望得到更优秀的种群。

如果多次灾变后，仍然未得到比之前优秀的个体，则停止灾变，遗传算法输出结果。

需要注意的是，精英主义在每次迭代中都可以运用，而灾变需要多次迭代未发现更好结果时才使用。而且，精英主义与灾变的思想，还需要根据具体的问题来合适地运用。

习题

1. 小试牛刀：自己编码，或利用 MATLAB 内的遗传算法工具箱，对有一个、多个参数的给定函数寻优（如 $f(x)=x\sin(10\pi * x)+2, x\in[-1,2]$，$f(x_1,x_2)=(x_1-1)^2+(x_2-2)^2, x_1,x_2\in\{-3,-2,-1,0,1,2,3\}$），检查算法是否寻找到了人们所期望的解。了解 GA 的输入输出以及简单使用方法。

2. 遗传算法最终寻找到的结果是否一定是全局最优解？哪些措施可以帮助我们跳出局部最优？

3. 子代个体是否一定比产生它的父代适应度更高？

4. 遗传算法的选择阶段，比较轮盘赌随机算法与排序选择随机算法的区别，哪个更容易得到多样化的子代群体？

5. 在遗传算法的遗传阶段之前，如果我们直接保留最优秀的一部分父代个体直接进入子代群体，会有什么效果？

6. 在变异阶段，如果子代个体进行大面积变异，会有什么效果？

第11章

项目实践：基于机器学习的监控视频行人检测与追踪系统

监控视频对于保障城市安全具有十分重要的意义。但实际应用中安防人员对视频中的行人进行人工检测、嫌疑人追踪等操作会耗费大量人力与时间。本项目实现了一个基于机器学习算法的监控视频行人检测追踪系统用于对监控视频中的行人进行识别，分类以及时间标注。将视频图像序列依次利用支持向量机算法和图像方向梯度直方图特征对行人进行识别和分割，相似度检测并分类。根据指定的目标行人照片，从提取出的人物图像中识别出目标。

11.1 引言

近年来，世界各国高度重视如何在重要、敏感的安全相关部门和人流量较大的公共场合实现 24 小时自动化实时的监测，智能视频监控成为备受关注的前沿研究领域之一。由于传统的视频监控系统都是采用人工监控，所以不可避免地会存在报警精确度差、容易出现误报和漏报、报警响应时间长等一系列的问题，录像之后的数据分析也有很大的难度。

由于机器学习算法在视频监控系统中的应用，诞生了新一代的智能视频监控系统。智能视频监控系统技术将计算机视觉同网络化的视频监控结合起来，增强了系统的智能化自动处理能力，极大提高了监控效果，减少了监控人员的工作量。智能监控系统可以处理监控传回的视频流，分析并识别出其中的行人，并且能够标注不同时间点的行人，可以用于统计人流，监控各个时段的行人，并达到利用监控视频对特定行人进行智能追踪的目的。

本文设计实现的监控视频行人检测与追踪系统，对视频每隔特定的帧数截取特定帧的图片和当前帧图片所在视频的时间位置信息。对截取的图像，利用方向梯度直方图特征和支持向量机算法，在图像中以滑动窗口的方式检测并截取行人图像。与先前已存在的图像组通过相似性指标逐一进行各个通道的相似检测，并将其归入最接近的分组，并设置指标阈值，如果最相似的分组相似性未达到相似性判断的阈值，则将为行人图片建立新的分组并归入。识别出视频内的行人后，再将其与目标行人图片自动进行比对，对其进行位置追踪。

11.2　相关算法与指标

11.2.1　方向梯度直方图

方向梯度直方图(Histogram Of Oriented Gradients, HOG)是一种目标检测的特征描述器，其核心思想是被检测物体的部分外形能够被光照强度梯度或者边缘的方向分布所描述，主要应用于计算机视觉和图像处理领域。HOG 特征提取过程先将图像灰度化，后将图像划分成小的单元格，计算出每个单元格中每个像素的方向梯度，之后统计每个单元格中不同梯度的个数形成每个单元格的 HOG 描述子，最终进行归一化形成每个块的 HOG 特征。因为 HOG 描述子保存了几何和光学之间转换的不变性，所以 HOG 描述子比较适合人的检测。本文采用提取 HOG 特征的方式判断图像中是否存在行人。

11.2.2　支持向量机

支持向量机(Support Vector Machine, SVM)是一种机器学习领域的通常用于模式识别、回归分析等方面的有监督学习模型。通过给予一定的训练样本，并标注每个样本属于两个类别之一，SVM 训练算法就可以创建出一个非概率性二元线性分类器模型。SVM 要求线性可区分，对于线性不可区分的情况下需要使用核函数显式地将输入转换成高阶特征空间，形成线性可分。因此用图像 HOG 信息输入 SVM 并训练就可以形成能够对人进行检测的二元线性分类器。本文采用 SVM 对待检测的 HOG 特征进行分类确定其中是否存在行人。

11.2.3　结构相似性

结构相似性(Structural Similarity, SSIM)是一种用于测量两张图片之间相似度的方式。通过比较两张图片亮度、对比度和结构三个方面得出结构相似性指数，结构相似性指数范围为−1～1,数值越大表示两张图片越相似,当完全相同时结构相似性指数为1。

因为视频的连续性,在同一个视频中出现的人基本处于相似形态,因此推测可以采用SSIM对截取出来的行人进行相似度判断来判断是否为同一个人。

11.2.4 Haar-Like特征

Haar-Like特征是一种用于物体识别的图像数字特征,其特征提取与Haar小波变换相似,相比较于HOG特征,Haar-Like特征更适用于人脸的检测,而HOG适合人整体的检测。本文采用Haar-Like特征描述脸部信息用于对脸部图像的检测。

11.2.5 级联分类器

级联分类器(Casecading Classifiers)是一种由一系列相关联的分类器组成的集成学习的特例。通过级联地将前一分类器的输出结果作为额外信息输入至下一分类器,不同于投票式或者栈式集合的多路系统,级联分类器是一个多级系统。通过与Haar-Like特征结合使用可以达到比较准确地识别图像中的脸部图像的目标。本文主要用于和人脸的Haar-Like特征相结合,识别图像中的人脸。

11.2.6 特征脸

特征脸(Eigenface)是解决人脸识别问题的一组特征向量,通过在人脸图像训练集上进行主成分分析(Principal Component Analysis, PCA)获得。任一张图像可被视作标准脸的组合。将一个新的人脸图像投影到特征脸上,可以计算其与平均图像的偏差。每一个特征向量的特征值代表了训练集合的图像与均值图像在该方向上的偏差有多大,进而可以标识不同的人脸图像。

11.3 系统设计与实现

监控视频行人识别与追踪系统划分为视频处理模块、图像识别模块、目标追踪模块。图像识别模块分为行人识别组件和行人分组组件,目标追踪模块分为目标行人识别和地图标注组件。系统架构如图11.1所示。

系统循环从视频处理模块读取相应帧的图像,再经由图像识别模块进行识别和分组。当视频处理模块无更多帧可以读取时,则判别每一组行人是否为目标行人,并将目标行人的位置标注在地图上。系统流程如图11.2所示。

系统主要由VideoLoader, Detector, Cateorizer, Tracker 4个主要类以及一些其

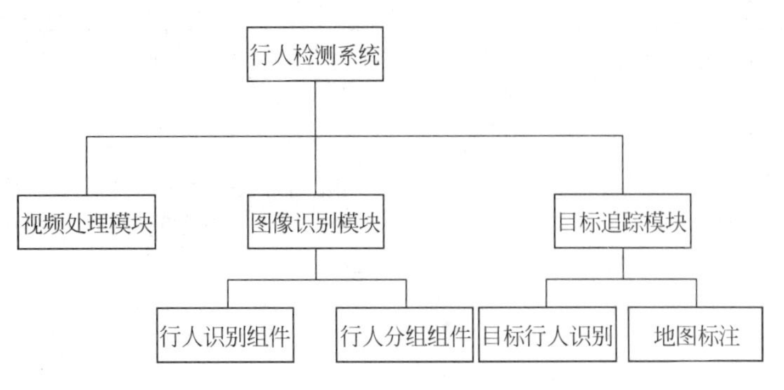

图 11.1 系统架构图

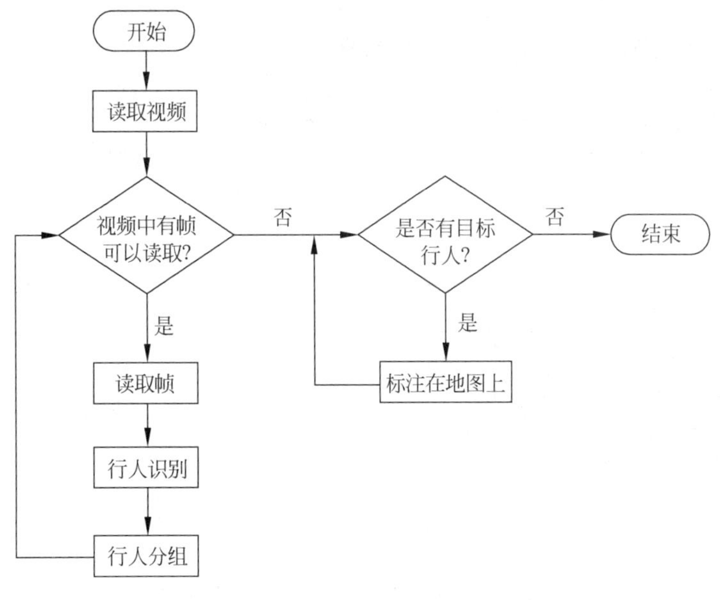

图 11.2 系统流程图

余辅助用数据或工具类构筑成。其中，VideoLoader 类负责视频处理模块，对输入视频进行处理，并转换成可循环读取的图像序列；Detector 和 Cateorizer 负责图像识别模块的核心功能实现，Detector 主要对循环读取的视频图像进行行人识别，将行人从图像中截取出来，Cateorizer 主要负责对 Detector 截取的行人图像进行分类，将图像分类至相似组内；Tracker 从已识别出的不同组行人中判别目标行人，并在地图上进行标注。系统类图如图 11.3 所示。

11.3.1 视频处理模块

该模块负责对输入视频进行预处理，将视频按照特定的帧间隔转换为图像序列，对于图像序列中每个特定帧的图片，会标定该图片在视频中的时间戳位置信息。并提

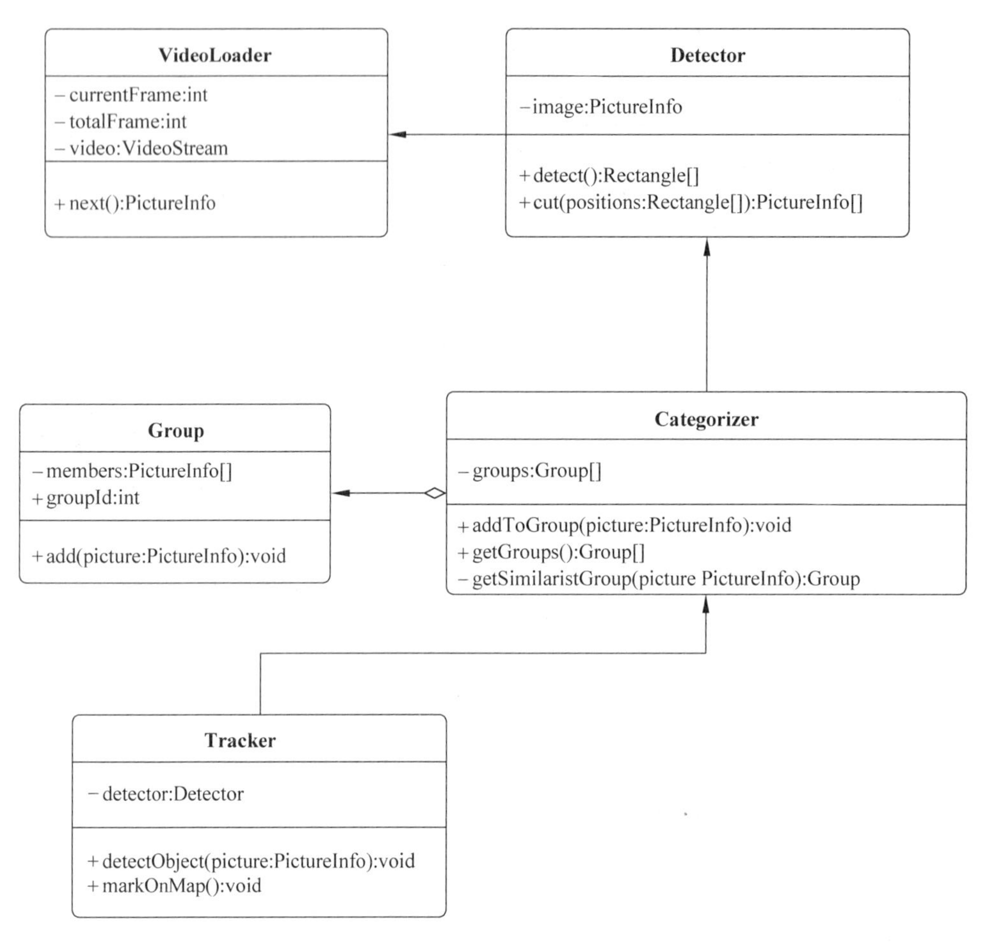

图 11.3　系统类图

供相应的接口供后续模块循环获取图像序列中的图像以及对应的基本信息。

视频处理模块核心功能由 VideoLoader 类提供，VideoLoader 在创建时通过调用对应 FFmpeg 的接口，利用 FFmpeg 构建视频流实体，并获得视频总帧数等视频基本信息，并且通过 FFmpeg 对视频文件进行解码生成解码后的视频流，至此可以从视频流中逐帧获取视频图像，仅对视频处理模块 VideoLoader 类的工作流程及核心函数实现做详细说明。

VideoLoader 类提供 next 函数，每次调用会向视频流请求当前帧图像，并获取当前帧所对应的时间戳位置信息，将图像、时间戳位置信息、帧位置信息整合后返回至调用者并使 VideoLoader 当前帧位置偏移一定帧数（默认设置为 10 帧），直至读到视频结尾结束视频的循环读取。

由于使用的 FFmpeg 包含多种音视频编解码器，因此 VideoLoader 类能够加载 mp4、mkv、avi 等多种视频封装格式以及包括 avc/h. 264、mpeg4、hevc/h. 265 在内的多种视频编码格式，对常见的视频均具备采样处理能力。

11.3.2　图像识别模块

图像识别模块由两个串行的组件——行人识别组件和行人分组组件构成，负责对视频处理模块中输出的图像序列中的每个单张图片进行行人检测和分类。

1. 行人识别组件

行人检测组件核心功能为从对应的图像中检测出行人，并能够返回行人位置区域或者对原图进行切分，分割出行人的图像，功能由类 Detector 实现，Detector 内部使用已经预先使用人物图像的 HOG 特征训练完成的 SVM 二元线性分类模型。

Detector 类提供函数 detect，函数内部通过对图像进行逐框扫描，依次提取每个框内图像的 HOG 特征传递至 SVM 进行检测，并反馈当前框内是否存在人物以及人所在位置的矩形区域，并再次扩大扫描框重新进行扫描直至扫描无法继续进行。当所有扫描进行完成之后再对所有的矩形区域信息进行筛选，由于识别过程中可能产生完全重叠区域，因此需要对 SVM 检测出的行人区域进行进一步检查，去除完全重叠的区域后向调用者返回所有人物所在的矩形区域。

其中，HOG 表示一个用于提取参数图像 HOG 特征的函数，返回值为参数图像的 HOG 特征数据，SVM 表示一个已经预先训练完成的行人检测用 SVM 二元线性分类器，返回值为当前区域的 HOG 信息是否能够满足行人分类要求，即 SVM 分类器是否将该图像的 HOG 特征归类于行人组，若满足则表示这个区域存在行人，将该区域的大小以及起始坐标信息放入返回集合。

Detector 类还提供 cut 函数依照特定的矩形区域集合对特定的图像进行切分，将图像中的行人依照其所在的区域进行切割，并向调用者返回所有切分完成的行人图像。

2. 行人分组组件

行人分类组件负责对截取出的行人图像进行分类，将每个单张的行人图像进行相似度匹配和分类，将相似的行人归类为同一组。

在同一视频中的行人出现具有连续性，因为出现在视频中的行人，如果是同一个行人推测这个人在视频不同时间点所截取的行人图像具有相似性，所以可以通过图片相似度对比来判断是否为同一个人。

行人分组组件核心功能由类 Categorizer 实现，Categorizer 类提供 addToGroup 函数，该函数内部会调用 SSIM 相似度计算函数（getMSSIM）来判断待加入现有组的图像与现有组内的图片的相似度。

getMSSIM 函数将会计算两个图像矩阵之间的 SSIM 指数，再通过另外一个相似判断函数综合计算 getMSSIM 函数返回值中三个通道的相似度来判断两张图片是否为相似图片。当新图与某一现有组内的图片相似度达到一定阈值则认为该图片能够加入该组，否则将会为新的图片建立一个新的独立分组，并将该图片加入新的分组。

由于 SSIM 的相似度是通过亮度、对比度和结构三个方面分别计算图像各个通道的相似度，而 getMSSIM 的返回值为每个通道对应的 SSIM 相似度指标，并且由于该函数实现的 SSIM 指标值范围为[0,1]且越接近 1 表示相似度越高，因此在进行相似判断时，当 SSIM 在三个通道内的其中两个通道的相似度大于 0.5 而且第三个通道的相似度指数不小于 0.45 的情况下，认为这两张图片相似，可以归类于同一组内。

并且基于 OpenCV 实现的 SSIM 相似度指标计算方式存在一种采用 GPU (Graphics Processing Unit)进行计算的优化算法，并且该算法执行效率比 CPU (Central Processing Unit)高得多，由于设备限制等原因，本系统未采用 GPU 运算的算法，本系统计算 SSIM 指标采用以 CPU 计算方式为主的算法。

11.3.3 目标追踪模块

利用 Haar-Like 特征和级联分类器，对上述模块输出的行人图像进行面部图像截取。随后经过归一化、灰度化等图像预处理过程后，传入 PCA 函数中进行模型训练，变换抽取人脸的主要成分，构成特征脸空间，识别时将目标图像投影到此空间，通过与样本图像比较进行识别，根据给定的目标行人照片对目标进行识别。如图 11.4 所示为目标识别流程图。

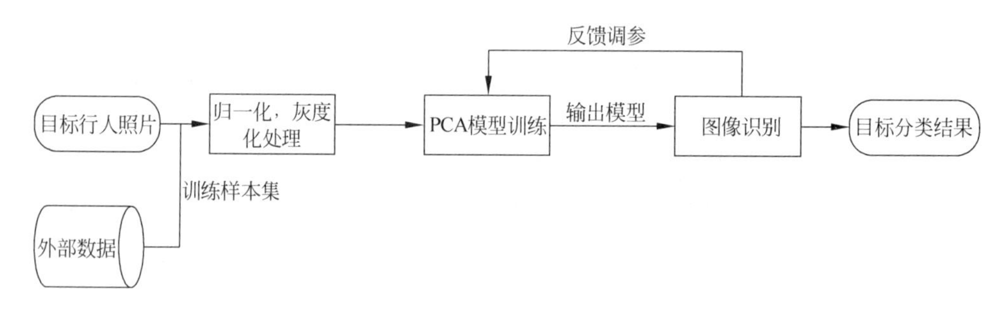

图 11.4 目标识别流程图

若识别出目标行人出现在某视频的某时间节点上，则将其在地图上进行标注。辅助安防人员进行后续相关工作。

11.4 系统测试

11.4.1 测试环境

操作系统：Windows 10，Ubuntu 16.04

CPU：I7-5600U@2.6GHz

内存：8GB

11.4.2　系统单元测试与集成测试

系统单元测试显示各模块、组件输出符合要求，工作正常，结果如表11.1所示。集成测试显示系统在对视频输入进行处理过程中能够正常运行，监控视频行人识别与分类效果达到要求，如图11.5所示。且基本能够完整截取出待输出图像中的脸部，如图11.6所示。输出结果符合预期，系统在集成测试过程中也未发生任何异常，整个系统完整通过测试。

表11.1　单元测试结果

模块/组件	输入数据	预期输出	测试结果
视频处理模块	完整监控视频	按10间隔帧截取的图像序列	通过
行人识别组件	单张图像	行人原图、标注图以及截取行人后的图像	通过
行人分组组件	乱序多张行人图像	分组后的行人图像	通过
行人脸部图像截取	行人图像	行人脸部图像	通过
目标追踪	目标行人图像与其他行人图像	标注目标移动位置	通过

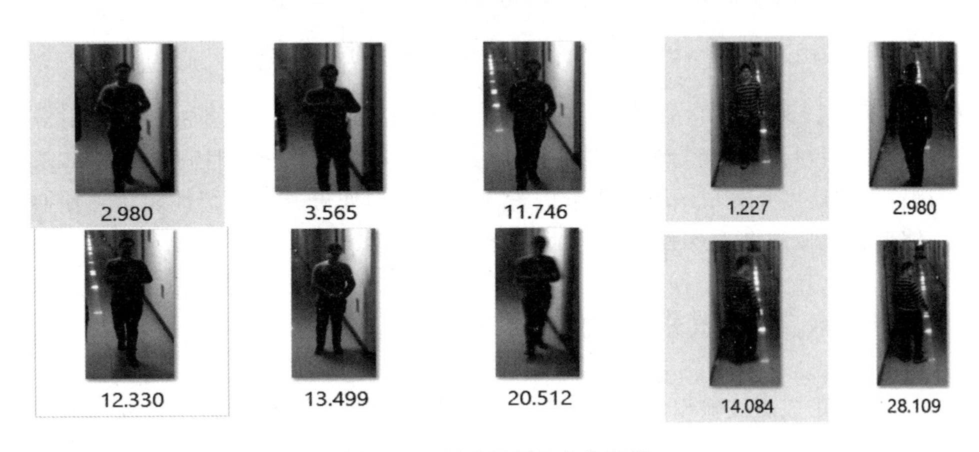

图11.5　行人识别与分类结果

11.4.3　性能测试

系统在运行过程中，利用Visual Studio性能工具进行监视，通过对统一视频的重复处理同时监控对应进程的CPU及内存占用，统计计算出平均CPU占用和内存占用来评估系统性能。由于测试工具限制，未在Linux平台进行详细的性能测试，仅在程序运行时进行了简易的监控，所有测试数据均为Windows平台的测试结果。

在测试全程，CPU占用率平均为30%，内存占用平均为90MB。对于一个时长为

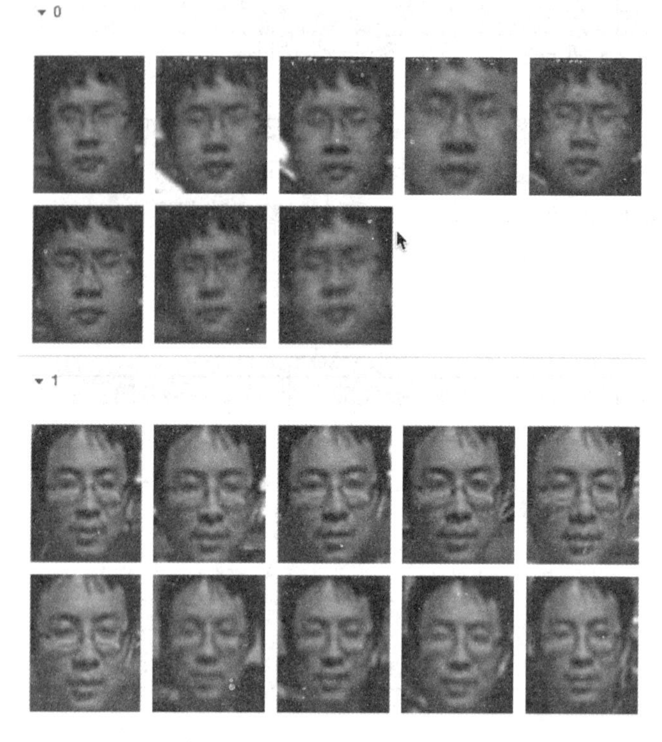

图 11.6　分组后行人脸部图像

36s、分辨率为 1920×1080 的视频，截取帧总数为 58 帧，总运行时间为 1min10s，对单帧视频图像进行行人检测与分组时间平均约为 1s，输出所有分组时间约为 10s，基本能够在较快的速度下完成对整个视频的行人检测流程处理。本系统性能达到预期标准，能够较为快速地处理视频输入。

11.4.4　系统识别准确率测试

通过统计集成测试输出的数据与源，为识别切分图像数据，得出在行人检测方面识别准确率约为 91%。由于 HOG 特征与 SVM 结合识别的特殊性，未能识别出身体部分被遮挡的行人。综合所有分组数据和脸部截取数据，在能准确用肉眼观察出脸部特征的图像中，系统对脸部识别的准确率约为 89%，存在少量模糊或者脸型不完整的图像未能识别以及部分错误识别的数据。

11.5　结语

本项目设计实现了一个监控视频目标行人检测与追踪系统。利用 HOG 和 SVM 分类器，从监控视频中逐框扫描识别出行人。根据 SSIM 将不同的行人进行分类，并利用 Haar-Like 特征、级联分类器将行人脸部图像截取出来，最终根据特征脸算法在监控视频中识别出目标行人，并根据视频位置和时间信息进行追踪。该系统可以辅助安防人员快速、准确地检索监控视频，跟踪目标行人。

但该系统仍存在一些问题需要解决，如监控视频中行人经常会被障碍物遮挡，或者行人之间互相遮挡，此时识别准确率会降低；此外，目前整个系统运行时资源占用率较高。因此，在未来的工作中，还需要对算法进行优化，提高识别准确率，提高效率。

参考文献

[1] Boser B E, et al. A Training Algorithm for Optimal Margin Classifiers. Proceedings of the Fifth Annual Workshop on Computational Learning Theory. Pittsburgh, 1992,5: 144-152.

[2] David A M. A Brief History of Connectionism (PDF). Neural Computing Surveys,1998, 1: 61-101.

[3] 蒋宗礼.人工神经网络导论.北京:高等教育出版社, 2001.

[4] David K. A Brief Introduction to Neural Networks. http://www.dkriesel.com.

[5] Haykin B S. Neural networks and learning machines. 3rd ed. Upper Saddle River, NJ: Pearson, 2010.

[6] David C Jr. Neural Networks and Deep Learning (PDF). http://pages.cs.wisc.edu/~dpage/cs760/ANNs.pdf.

[7] Frank R. The Perceptron—a perceiving and recognizing automaton. Report 85-460-1, Cornell Aeronautical Laboratory,1957.

[8] Henry J K. Gradient theory of optimal flight paths. Ars Journal, 1960,30(10): 947-954.

[9] Arthur E B. A gradient method for optimizing multi-stage allocation processes. In Proceedings of the Harvard Univ. Symposium on digital computers and their applications,1961.

[10] Broomhead D S, Lowe David. Radial basis functions, multi-variable functional interpolation and adaptive networks (Technical report). RSRE, 1988:4148.

[11] Broomhead D S, Lowe D. Multivariable functional interpolation and adaptive networks. Complex Systems,1988, 2: 321-355.

[12] Hopfield J J. Neural networks and physical systems with emergent collective computational abilities. Proceedings of the National Academy of Sciences, 1982,79(8): 2554-2558.

[13] Ackley D H, Hinton G E, Sejnowski, Terrence J. A learning algorithm for Boltzmann machines. Cognitive science, Elsevier, 1985,9(1): 147-169.

[14] Kohonen, Teuvo. Self-Organized Formation of Topologically Correct Feature Maps. Biological Cybernetics, 1982,43(1): 59-69.

[15] Cortes C,Vapnik V. Support-vector networks. Machine Learning, 1995,20(3): 273-297.

[16] Andrew Ng, Jiquan Ngiam, Chuan Yu Foo, Yifan Mai, Caroline Suen. UFLDL Tutorial. http://deeplearning.stanford.edu/wiki/index.php/UFLDL_Tutorial.

[17] John A B. Introduction to Neural Networks. http://www.cs.bham.ac.uk/~jxb/inn.html.

[18] Ritajit M, Arunabha Saha. A Brief Introduction to Boltzmann Machine. https://www.academia.edu/5025760/Introduction_to_Boltzmann_Machine.

[19] Christoph B. An Introduction to Self-Organizing Maps. http://www.krustyland.net/self%20organizing%20maps/sompaper.pdf.

[20] Yann L C. Generalization and network design strategies. Technical Report CRG-TR-89-4, University of Toronto, 1989.

[21] Rumelhart D, Hinton G, Williams R. Learning representations by back-propagating errors. Nature, 1986: 533-536.

[22] Hochreiter S, Schmidhuber J. Long Short-Term Memory. Neural Computation, 1997, 9(8): 1735-1780.

[23] Cho K, van Merriënboer B, Gulcehre C, Bougares F, Schwenk H, Bengio Y. Learning phrase representations using RNN encoder-decoder for statistical machine translation. In Proceedings of the Empiricial Methods in Natural Language Processing (EMNLP 2014).

[24] Jozefowicz R, Zaremba W, Sutskever I. An Empirical Exploration of Recurrent Network Architectures. 2015.

[25] Blei D M, Ng A Y, Jordan M I. Latent dirichlet allocation. Journal of machine Learning research, 2003, 3(Jan): 993-1022.

[26] http://blog. csdn. net/v_july_v/article/details/41209515.

[27] http://blog. csdn. net/huagong_adu/article/details/7937616.

[28] http://www. jianshu. com/p/5883933236b5.

[29] http://blog. csdn. net/huruzun/article/details/50468999.

[30] Hofmann T. Probabilistic latent semantic indexing. Proceedings of the 22nd annual international ACM SIGIR conference on Research and development in information retrieval. ACM, 1999: 50-57.

[31] Mei Q, Zhai C X. A note on EM algorithm for probabilistic latent semantic analysis. Proceedings of the International Conference on Information and Knowledge Management, CIKM, 2001.

[32] 周志华.机器学习. 北京:清华大学出版社, 2016.

[33] Harrington P. Machine learning in action. Greenwich, CT: Manning, 2012.

[34] 李航.统计学习方法.北京:清华大学出版社,2012.

[35] http://www. mathworks. com.

[36] Haykin S S, Haykin S S, Haykin S S, et al. Neural networks and learning machines. Upper Saddle River, NJ: Pearson, 2009.

[37] Alpaydin E. Introduction to machine learning. MIT press, 2014.

[38] Pelleg D, Moore A W. X-means: Extending K-means with Efficient Estimation of the Number of Clusters. ICML, 2000, 1: 727-734.

[39] Himberg J, Hyvarinen A. Icasso: software for investigating the reliability of ICA estimates by clustering and visualization. Neural Networks for Signal Processing, 2003: 259-268.

[40] 苏松志,李绍滋,陈淑媛,等.行人检测技术综述.电子学报, 2012, 40(4):814-820.

[41] 朱文佳.基于机器学习的行人检测关键技术研究.上海交通大学, 2008.

[42] 吕敬钦.视频行人检测及跟踪的关键技术研究.上海交通大学, 2013.

[43] 付洋,宋焕生,陈艳,等.一种基于视频的道路行人检测方法.电视技术, 2012, 36(13): 140-144.

[44] Watanabe T, Ito S, Yokoi K. Co-occurrence histograms of oriented gradients for pedestrian detection. Pacific-Rim Symposium on Image and Video Technology, Springer Berlin Heidelberg, 2009: 37-47.

[45] 黄晖雁,盛碧琦.基于支持向量机的行人检测研究.电子制作, 2015(11).

[46] Lindeberg T. Scale invariant feature transform. Scholarpedia, 2012, 7(5): 10491.

[47] KIM J, Kim B S, Savarese S. Comparing image classification methods: K-nearest-neighbor and support-vector-machines. Ann Arbor, 2012, 1001: 48109-48122.

[48] Wilson P I, Fernandez J. Facial feature detection using Haar classifiers. Journal of Computing Sciences in Colleges, 2006, 21(4): 127-133.

[49] Alpaydin E, Kaynak C. Cascading classifiers. Kybernetika, 1998, 34(4): [369]-374.

[50] Yang M H, Ahuja N, Kriegman D. Face recognition using kernel eigenfaces. Image processing,

2000. 1：37-40.
[51] Al-Rfou, Rami, et al. Theano: A Python framework for fast computation of mathematical expressions. CoRR abs/1605.02688 (2016).
[52] Jing F, Wang C, Yao Y, et al. IGroup: web image search results clustering. Proceedings of the 14th ACM international conference on Multimedia, ACM, 2006: 377-384.
[53] 吕云翔，马连韬，熊汉彪，徐宇楠. 基于机器学习的监控视频行人检测与追踪系统的设计与实现. 工业与信息化教育，2016(11)：66-72.

图书资源支持

感谢您一直以来对清华版图书的支持和爱护。为了配合本书的使用，本书提供配套的资源，有需求的读者请扫描下方的“书圈”微信公众号二维码，在图书专区下载，也可以拨打电话或发送电子邮件咨询。

如果您在使用本书的过程中遇到了什么问题，或者有相关图书出版计划，也请您发邮件告诉我们，以便我们更好地为您服务。

我们的联系方式：

地　　址：北京海淀区双清路学研大厦 A 座 707

邮　　编：100084

电　　话：010－62770175－4604

资源下载：http://www.tup.com.cn

电子邮件：weijj@tup.tsinghua.edu.cn

QQ：883604（请写明您的单位和姓名）

资源下载、样书申请

书圈

用微信扫一扫右边的二维码，即可关注清华大学出版社公众号“书圈”。